讲故事 做设计

STORYTELLING

DESIGN

故事法在创新设计中的应用

彭 琼◎著

U0209146

电子科技大学出版社
University of Electronic Science and Technology of China Press

·成都·

图书在版编目（CIP）数据

讲故事，做设计：故事法在创新设计中的应用 / 彭琼著. —成都：电子科技大学出版社，2023.1

ISBN 978-7-5647-9981-6

Ⅰ. ①讲… Ⅱ. ①彭… Ⅲ. ①工业设计—研究 Ⅳ. ①TB47

中国版本图书馆 CIP 数据核字（2022）第 236675 号

讲故事，做设计——故事法在创新设计中的应用

JIANGGUSHI ZUOSHEJI —— GUSHIFA ZAI CHUANGXIN SHEJI ZHONG DE YINGYONG

彭 琼 著

策划编辑　刘　愚
责任编辑　刘　愚

出版发行　电子科技大学出版社
　　　　　成都市一环路东一段 159 号电子信息产业大厦九楼　　邮编　610051
主　　页　www.uestcp.com.cn
服务电话　028-83203399
邮购电话　028-83201495

印　　刷　成都市火炬印务有限公司
成品尺寸　170 mm×240 mm
印　　张　7.75
字　　数　150 千字
版　　次　2023 年 1 月第 1 版
印　　次　2023 年 1 月第 1 次印刷
书　　号　ISBN 978-7-5647-9981-6
定　　价　38.00 元

前　　言

讲故事并非新生事物，而是人类由来已久的重要交流方式，在各个领域都可见到它的身影。故事法，或称叙事法，就是将讲故事应用于设计过程，这是一种重要的设计思维方法和设计工具。随着设计思维的广泛传播，设计领域的人们越来越多地认识到故事法的价值，在国内外的设计研究和设计实践中开始大量使用故事法。与此同时，如何让故事法发挥其最大功效，并能方便设计者快速、有效地应用，也是成了值得探究的内容。

2015 年春天，我开始了以讲故事（storytelling）为核心词的研究计划的撰写，自此展开了长达 7 年的研究历程。在这段漫长的岁月中，我全面且深入地体验了通过讲故事来做设计、做研究。这期间经历了方法研究和工具开发，并在产品设计、交互设计、服务体验设计，以及品牌文创设计等多个领域都进行了故事法的应用实践。从研究到设计，甚至从工作到生活，故事法已经深深地烙印在我的脑海中，极大地影响和改变了我的思考和行为方式。与此同时，在和国内外工业设计专业的师生以及行业设计师的大量接触中，我也深刻地感受到了国内外的学术、产业、设计教育界在践行通过讲故事做设计的过程中存在差异和问题。如今，人工智能技术的应用为创新设计带来了各种可能性。然而，从思维和方法的角度看，故事法不仅是一种设计思维方法和工具，更是一种方法论，是创新设计的重要辅助手段。于是，我便萌生了系统梳理和总结故事法及其应用，并将其成文这一念头。

本书旨在介绍故事法及其在创新设计各个领域中的应用，强调其对设计的积极意义。本书广泛适用于设计专业师生以及设计从业者阅读使用。也希望本书可以抛砖引玉，期待和致力于创新设计方法和创新设计工具相关课题研究的同行们分享、交流。在科学技术和创新设计日新月异的今天，让我们共同推进故事法及其工具的发展和完善，让其更好地服务于设计，辅助设计师们讲好故事、做好设计。

本书的撰写得到了多方支持，在此表示衷心的感谢。尤其感谢恩师Jean-Bernard Martens 教授将我带入讲故事做设计这个非常有意义且有趣的研究中，感谢他给予我的极大支持和帮助。感谢 Caroline Hummels 教授、Panos Markopoulos 教授、戴力农教授给予的研究建议和意见反馈。感谢何欣益、周青青、陆莹玺、李易几位同学全力协助完成书中部分插图的绘制。

本书难免存在一定的局限性，恳请国内外专家和广大读者批评指正。

彭　琼

2022 年 10 月于成都

目　　录

第1章 绪 论

1.1 研 究 背 景

说起故事，可能我们每个人都喜欢听故事，都会讲故事，也都有故事要讲。听故事、讲故事就好像是我们从小就有的一种爱好，也是伴随我们学习知识、积累经验、健康成长的好伙伴。小时候，我们听着妈妈爸爸在床头讲睡前故事酣然入梦。在学校里，那些个名人故事也时常激励我们积极奋发、努力学习。当迈入社会走向工作岗位之后，还有许多哲理故事以及榜样故事在不断地感染和影响着我们。营销大师们也通过讲述故事向大众传递着各种商品信息。在我们的日常生活中，地铁、公交、商场等公共场所随处可见的各种视频广告也都在讲述着各种各样的故事。那一个个生动的故事场景让我们记忆深刻。我们每一个人都在日常生活工作学习等各种场景中不断交替践行着听故事和讲故事这两项活动。甚至可以说，我们是生活在故事里的：我们在听着各种各样的故事，同时也在不同故事里扮演着不同的角色。人们为什么需要故事呢？一方面，通过讲故事听故事，人们可以分享信息，传递内容和价值观。另一方面，故事是情感的纽带，容易让听众或读者产生情感共鸣。如今，讲故事也被视为一种创造力。丹尼尔·平克指出讲故事已经成了21世纪最应具备的基本技能之一[1]。故事也融入多个学科中，例如传播学、心理学、市场营销、社会学、设计学等。尤其是近年来，故事方法（storytelling），也称为叙事法（narratie）以及场景叙事方法等，在设计学科得到越来越多的重视和应用，已经成了重要的设计辅助工具之一。

与此同时，自2017年教育部积极倡导并大力推进新工科、新文科的建设工作以来，各个学科都在努力探索如何更好地促进本学科自身的研究、发展和创新，探索促进新工科、新文科的学科融合和跨界创新的发展新思路。同样，设计学科也不例外。设计学界的学者们和设计行业的工作者们共同致力于大设计学科范围内的发展和创新，以及不同学科的交叉融合和共同创新。作为新文科、新工科建设的重要组成部分，设计学科除了自身具有无限魅力，还具有能促进新文科、新工科双发展的巨大潜力：一方面，设计学科和心理学、美学、社会学、人类学等社会科学相关学科以及市场学、营销学、管理学等商科学科的进一步融合有助于丰富新文科的发展内容，拓宽了发展思路；另一方面设计学科和计算机、机械工程、材料科学等工程学科，以及如今以人工智能为代表的新兴学科研究方向的全面交叉，极大地增加了科学技术知识落地应用的各种可能性。设计学科的发展因此也得到了前所未有的重视。在探索人才培养模式，学科交融，西为中用，支持创新设计的方式、方法、工具和平台等多方面都得到了巨大发展。以设计思维为代表的设计思想引领了创新设计学科，尤其是工业设计领域的全新发展。故事法是设计思维的重要组成部分，也是设计思维的重要工具之一[2]，因其兼具了社会学科的优势，被广泛应用于设计领域。本书以此为背景，展开对了故事法的设计应用方面的探讨。

1.2　研　究　现　状

整体而言，大量文献资料显示讲故事在创新设计中起着非常重要的作用[3]，尤其是在人机交互 HCI（human-computer interaction）领域。首先，做设计和讲故事二者有着很多的相似之处，例如设计和讲故事必须依赖具体的场景展开，无论是设计一个具体的产品或系统，还是做服务设计、人机界面交互设计、用户体验设计，都需要在具体的场景中展开讨论[4]，这样才能提供可行的设计解决方案，有目的和针对性地解决问题。讲故事也是同样的道理，故事的发生、故事情节的展开都必定依赖于某个包含了具体时间、空间的场景，在此情境中讲述人物的动作行为、经历变化、思考成长以及收获和蜕变等。离开具体的情境或场景，设计便成了无源之水，脱离现实，所谓的设计方案也失去了解决问题的意义。同样，没有具体的情境，故事也必定架构不稳，内容欠缺，从而给人虚幻缥缈之感，让人难以捉摸。此外，两者的形似之处也体现在组织和架构信息层面上的优势。设计，尤其是产品设计是一个系统性的行为活动，需要将多方面的信息和资源进行综合考虑并做统筹协调，才能让设计资源得到最大化利用，从而提供最优化的设计解决方案。同样，一个好的故事需要靠一个逻辑或者关系架构，将包括人物、时间、地点、事件在内的各种要素合理组织起来，搭建出故事的框架结构，使让故事的描述足够清楚，情节得以展开。这些的相似点足以让讲故事在创新设计中得到重视和普及应用。因此，以知名设计咨询公司 IDEO 汤姆艾瑞克（Tom Erickson）为代表的学者早在 20 世纪 90 年代已提出"设计即讲故事"（design as storytelling）[5-6]的概念。随后一些学者们在大量文献里明确了"设计师就是讲故事的人"（Designers are storytellers）[7]这一特定身份。

其次，讲故事是重要的设计思维的方法和工具[2, 8-10]，是设计流程和设计产出是否成功的关键评估因素[11]之一。讲故事被广泛应用在各个领域的创新设计中，包括用户体验设计（UXD：User Experience Design）[12-14]、计算机支持的协同设计（CSCW：Computer-Supported-Cooperation Design）[15]、服务设计（Service Design）[16]、交互设计（Interaction Design）[5, 17]等，并扮演着不同的角色，例如分享设计想法和观点[18]、传递信息、促进沟通交流[19-20]、告知和启发设计[21]、以讲故事的方式来询问和收集用户故事[5]、作为一种可以呈现关于体验的主观信息的方式[22]、激发同理心[23]等。尤其在支持设计师就与人相关的因素，例如情绪、动机、愿望、需求等进行讨论交流时，讲故事具有独特的优势，是一种共同语言[24]。故事有助于阐明解释这些和人相关的因素，并通过将这些因素和形象生动的人物角色，丰富的情境描述和人物行为活动等进行整合，建构起一个能让观众理解其情节的故事[17]。

此外，故事法已经被广泛应用到设计学的各个领域和不同的设计阶段，并常常被可视化成故事板的形式[25]普遍应用于设计团队内部沟通以及设计师和客户沟通等场景中。具体而言，在设计前期的调研阶段，故事法在收集用户故事、深入开展用户研究、发现用户需求以及挖掘痛点问题等方面具有特别积极的作用；在设计执行阶段，故事法有助于设计团队内部进行概念创意的探索和表达交流，尤其是关于用户体验方面的探索，可以借助故事板等形式进行产品设计方案以及使用场景等相关内容的呈现和信息交流；在设计中后期，故事法大多被应用在汇报交流上，以视觉形式呈现的故事板以及口头讲述与设计方案相关的故事[26]更能打动人心。

近年来，随着设计思维这一概念的流行，以及不同学科交叉的大力推行，国内关于故事法的设计应用研究也日渐增多。大量设计从业者都在积极践行着用听故事和讲故事的方式做创新设计。其中代表研究著作有《设计思维工具手册》一书，书中介绍了故事法是重要的设计思维工具之一[2]。另外在设计学领域里也有不少相关研究成果，例如，有专门探讨故事在产品开发设计中应用[27-28]，也有致力于研究用户体验设计中的故事应用[29, 30]，还有专门探讨设计研究中的故事方法[31-32]。在相关研究中，与故事相关的一些概念，例如情境、情景、场景、叙事等层出不穷。故事法也被称为剧本法[33]或情境故事法等[34]。

讲故事被认为能有效支持设计师就与人相关的因素进行讨论交流，这也是为什么讲故事尤其在体验设计中如此流行的原因。过去的相关研究从各种不同视角为在设计中应用讲故事提供了大量的启发和参考，但是这些研究和文献资料大多强调故事和讲故事给创新设计带来的种种裨益，即大多是理论上的倡导和理论方法论的探讨，缺乏其在设计实践应用中的经验性的以及实证性的研究论证[3, 26]。这些问题和挑战貌似被忽略或者被低估了，但确实值得被探讨。同时，设计学科中的故事研究还因为视角不同，较为缺乏整体概貌分析以及系统研究。例如有多个相关或类似概念的出现导致概念混淆的情况。因此，故事法在具体的设计应用方面还有所欠缺，尚有提升空间。这样的现状为本研究提供了探讨的可能性和契机。可以说故事法的设计应用仍是一块"大溪地"，有待深入开发探索。与此同时，故事法已经在其他学科，例如营销、社会学、教育学、管理学，乃至医学等学科得到了广泛应用，并涌现了大量的相关研究成果。这些都为本研究提供了大力支持和参考借鉴。

1.3　研究意义

基于上述对故事法在创新设计领域应用的概述，本书介绍的研究以故事法为主要研究对象，以探讨故事法在设计中的应用为目标，以现有的国内外相关研究和设计实践为基础，展开了全面且深入的研究。研究的目的也不仅限于填补现有文献缺乏实证研究的空白，更是希望通过深入研究，发现问题并解决问题，从方法论和实践论的角度探讨如何让故事法更好地激发创意和辅助设计。此外，这样的探索性研究从故事的视角去看待创新设计，有利于以新工科、新文科发展的思路去探讨和探索故事法在促进其他学科与设计学科的交叉交融中的作用。

1.4　研究方法

本书在研究方法导向上引入了马克思主义的实践观，注重理论联系实际，用理论研究和实践论证相结合的方式。同时，立足当下，展望未来，以新文科和新工科建设方针为指导，以跨学科整合的思路，借鉴故事法在传播学、心理学、营销学等学科的相关知识，探讨故事法的设计应用，探索设计学科的创新思维和创新方式方法。主要的研究方法包括下述几个方面。

1. 文献研究法

以全网数据检索的方式对现有的国内外的相关的中英文文献进行了全面的检索和深入调研。通过梳理信息，进行文献分类和总结归纳，并提取具有代表性的研究案例，以及代表研究者的经典语言整理成图表以便一览概貌。

2．案例分析法

设计学科强调设计实践性，因此各种设计工具和设计方法必须放到具体的设计案例中去应用才能发挥其功效，也才能得到更好的验证。因此本研究也采用案例分析法的方式挑选出一些故事法在设计实践中被广泛应用的案例进行剖析，以便更好地说明故事法对于创新设计的作用和意义。

3．实验法

实验法整合了定性研究和定量研究两种研究方法论中的具体研究方法展开研究。具体包括了定性研究中的观察法（observation）[34]，访谈法（interview）[34]，焦点小组（focus group）[35]，以及定量研究中常用的问卷法（questionnaire）[34]，用户测试（user test）[34]和数据分析（data analysis）。两种类型的研究方法各有优势：定性研究方法强调探索和理解[36]，在描述细节方面具有独特优势[37]。而定量研究方法以数据说话，通过对数据的收集和数学分析[36]，用统计分析的方式呈现样本的分布情况并支持趋势预测和规律总结。

4．设计实践法

本研究是探讨性研究，基于现实生活工作学习场景中的启发，并以设计为导向。因此整个研究定位是基于设计的研究方法论（research through design）[38]指导下的实践性的设计研究。原因有两点：一方面，设计研究被定义为是基于大量设计现象合集的研究[39]，通过设计实践来做研究的方法是非常适合探索研究的。另一方面，这种方法也被称为以设计为导向的研究方法[39]，强调对植入了设计知识和研究假设的样机或者模型的迭代开发设计和测试等。此外，设计也是一个需要不断反思的过程[40]。通过对整个设计过程以及设计结果的反思或称为思辨性的思考总结，设计实践者可以获得各种设计知识和启发。基于设计实践法，故事方法在设计实践中的具体应用情况，存在的问题或者其他相关方面的重要内容可以得到理解。本书第 6 章推荐了大量支持做故事板的工具。第 7 章介绍了基于故事法开发的支持创新设计的工具，旨在为读者以及广大设计研究者和设计从业者，尤其是在校工业设计专业的同学们提供具有良好操作使用性的方法指南，以帮助他们通过使用这些工具更好地理解故事法的优势，并在今后设计实践中去践行故事法。

1.5 本书内容框架

本书共包括了两大部分 10 个章节（如图 1.1 所示为全书框架）。第一部分包括第 1～3 章，主要是对故事及其相关概念进行研究。其中第 1 章绪论，首先介绍了研究背景，给出了故事法的定义，并指出其研究的意义。第 2 章对故事的定义和故事要素、故事架构等内容进行了梳理，使读者对故事法有一个更加全面的整体的认识了解。第 3 章集中对故事力进行解析。作为一个时代新词汇，故事力为什么出现以及其产生的影响力都是值得研究的内容。第二部分包括第4～10 章，侧重从创新设计的角度来研究故事法，说明故事法的设计应用。其中第 4 章对设计思维和故事思维进行研究，找到其相关性，说明故事法从思维的层面也是设计思维的一部分，讲故事是设计思维的重要工具之一。第 5 章对中外文献进行研究综述，总结出文献调研结论。第 6 章关注故事板的说明，结合设计案例说明故事板在设计中的广泛应用和积极意义。第 7 章介绍了如何通过讲故事做用户体验设计和交互设计，并结合设计案例说明讲故事在用户体验设计以及交互设计中的积极意义。第 8 章对服务设计和故事法及其应用进行了剖析。第 9 章介绍了如何通过讲故事做品牌设计和文创设计。最后，第 10 章对全书内容进行了总结和研究展望，探讨了本研究中存在的诸多未尽之处以及未来的可能性。

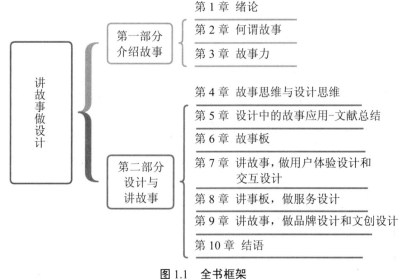

图 1.1　全书框架

第2章 何谓故事

2.1 故事是什么

讲故事和听故事或许是人类共有的爱好。正如歌曲里唱的"我们坐在高高的谷堆旁边，听妈妈讲那过去的事情"，人类一直以来都有讲故事和听故事的传统。人类大脑进化的历史也表明，故事对人类认知和行为活动具有非常重要的意义[41]。人们对故事有着特殊的喜欢和偏爱。人们可以通过听故事和讲故事来表达想法、传递信息、传输价值、传承精神。因此，故事随时随处可见。童话书在讲述故事；影视、小说、戏剧、诗歌乃至绘画音乐雕塑都在演绎故事；迪士尼、星巴克、耐克、小米、海尔等许多知名企业向大众不断输出自己的品牌故事；而我们老百姓如今也可以通过抖音小视频等各种社交平台分享自己的故事。人是故事的主体，故事贯穿人们的生活，就好像我们每个个体和整个人类社会构成了一个个故事，每个人都是自己故事中的主人公，生活就是一个个鲜活的故事。因此，我们也都在不知不觉中习惯了用故事去表达想法、说服他人、推销商品、传递信息以及输出价值观和传播文化。

那么故事到底是什么呢？每个人对故事都有自己独特的理解和定义：有人说故事就是一个个的经典片段，历历在目，让我们记忆深刻；也有人认为故事是主人公克服了重重艰难险阻终于完成了自我救赎的完整过程的呈现，让我们印象深刻，甚至羡慕崇拜；当然大部分的时候我们会认为故事是每日我们生活中的点点滴滴，记录着见解，传递着情感。无怪乎有人将故事当作人生的隐喻，暗含着各种可能性的发生。同时，故事也为我们理解世界和了解社会开辟了一条通途，可以为我们提供经验和参考，帮助我们解决问题并走出困境。故事是充满了无限活力的表达方式，我们每一个人无时无刻不在受故事的影响。在人类历史较早时期，人们就开始用叙事图画的方式来记录并讲述故事。史料记载，在公元前 15000 年左右，在法国拉斯科洞穴中的壁画就连续使用图形或徽标来详细说明重要事件（图 2.1）。古希腊古意大利文明中的重要组成部分便是绘制了具有说明性的壁画和地面马赛克，用于描绘英雄形象和节日场景等（图 2.2）。古希腊的思想家和哲学家们都喜欢用讲故事来分享和传播自己的思想和观点。

由于故事和历史以及事件等概念紧密相关，因此法语中有一个常被翻译为故事的术语，即 Historie，意思是故事和历史[42]。《牛津英语词典》里对故事的解释统称为对事件和人的描述，即故事可以是发生在书籍、影视剧中的系列事件，或是对过去事件如何发展以及事件如何发生的叙述，或是对报纸、杂志、广播内容的汇报[43]。因此，西方学者们对故事的定义大多基于叙事学视角，即故事是叙事领域的重要组成部分，其代表性的诠释（以时间先后）有：

——里蒙凯南着重强调故事即叙述的事件[44]；

——热拉尔热奈特认为，故事，无论真实或虚构，都是"被讲述的全部事件"，以及"事件之间连贯、反衬、重复等不同的关系"[45]；

——詹姆斯费伦指出，叙述内容中的"人物，事件和背景都是故事的组成部分"，并认为叙述是"以编年顺序的事件构成了从话语中抽取出来的故事"[46]；

——西摩查特曼认为，故事是叙事的"具体事件，人物，背景，以及对它们的安排"，即"由作者的文化代码处理过的人和事"[47]。

西方学界对故事的定义大多都倾向于强调故事和叙事的密切关联，它们的关联可形容为如影随形。美国传播学者阿瑟伯格认为，叙事即讲故事，叙事曾经出现过或正在发生的事情就是讲故事[48]。罗伯特·麦基在《故事经济学》一书中指出故事的最佳定义是"一系列由冲突驱动的动态递进的事件，在人物生活中引发了意义重大的改变"[49]。罗伯特·麦基在另一本书《故事：材质，结构，风格和银幕剧作》中从场景和幕的角度定义故事是由一系列幕组合构成的，而幕又是由一系列场景按照适中的有攻击力的方式转折形成的序列[50]。

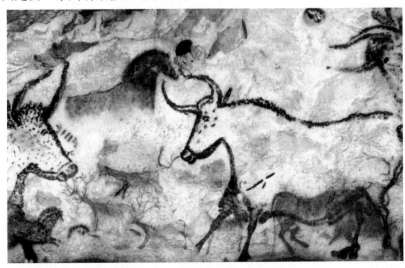

图 2.1　法国拉斯科洞穴中的壁画

图 2.2　古希腊壁画

　　故事是对一种真实或虚构事件的叙事，那么叙事又是什么呢？叙事是以叙述的方式，将事件信息组织架构予以呈现。叙事有助于构建场景和情境，是一种信息的表达传递方式，更是一种理解经验的方法[51]。因此故事和叙事紧密相关。Pentland 认为叙事不是简单讲故事，而是演绎故事[52]。叙事过程包括叙述者、受述者和叙述文本三种要素[50]。文本是将叙事以语言文字符号的方式进行记录。其他包括声音和图像符号，连同文本所构成各种叙事符号及其组合都可以用于讲述故事。另外，由于叙述的方式不同，故事的组织和讲述方式也不同。一个故事的讲述可以按时间先后顺序顺叙或倒叙，也可以按照逻辑关系做叙事顺序的调整，例如插叙等。从这个意义来定义故事的话，故事即叙事。

　　在中国文化里，故事和传统叙事基本一致，即"故事一般指旧事、旧业、先例、典故、花样等已经发生，且真实存在的事件事物"[48]。早在《史记·太史公自序》中，故事一词已经出现"余所谓述故事，整齐其世传，非所谓作也"[53]。中国大百科全书对故事的解析为"民间散体叙事文学体裁之一，又称古话、古经、说古、学古、瞎话等"[54]。《辞海》中的故事被称为故事情节，是以简单易懂的口头讲述的方式呈现人物和事件的因果联系，是一种文学体裁[55]。在中国漫长的历史中，故事经常被当作一种口头文学形式。讲故事是一种讲的艺术活动：以口头演绎的方式来表达文字或图画所叙述的故事或事件。人们常说的话本子通常就是口头讲故事的脚本或原型。故事也可以通过表演（即舞台演绎）的形式来讲述。中国古代的各种戏剧、戏曲曲目大部分在向大众讲述着一个个生动的人物的传奇故事。例如《霸王别姬》《白蛇传》《梁祝》《天仙配》和《花木兰》等经典故事，都通过口头讲故事以及戏剧的表演形式得以流传。

故事作为一种文学体裁在中国文化里占有重要地位。同时，故事也以不同的视觉呈现方式向世人传输着文化、历史等多方面的信息，例如敦煌壁画以大量的经变画和佛教故事画展现了曲折、复杂的情节，故事感人，引人入胜；还有以清明上河图和韩熙载夜宴图为代表的名画（图2.3，图2.4）也都是经典的视觉故事演绎。故事描述关于人物和事件，但本质上又超越平常生活，是事故和奇观，趣味和意义的结合体[44]。

图 2.3　清明上河图（局部）

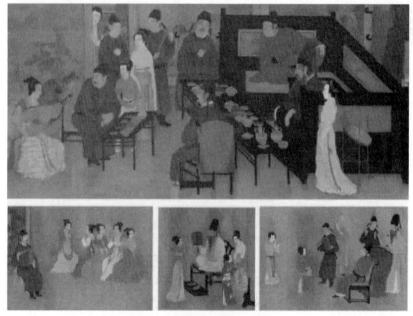

图 2.4　韩熙载夜宴图（局部）

大部分学者认为，讲故事其实就是叙事，因此无论定义如何，表达形式如何，如今的传播学、文学、心理学、组织管理学、营销学、教育学、医学、社会学、艺术学、设计学等现代多个学科及不同领域都在应用故事这种形式（图2.5），让其为各自学科领域服务。例如，心理学用故事（叙事）作为心理疗法，通过聆听故事来发现问题，达到让患者情感宣泄的目的，辅助医师的治疗方案。教育学运用故事（叙事）来辅助教学，反思教学。管理学中将故事（叙事）作为组织团队沟通的利器。设计学也越来越多地将故事（叙事）引入设计流程，尤其是在用户体验设计和服务设计中，用故事来洞察用户需求，用故事来表达和分享设计概念如今已经被广泛应用。本书将在后面的章节中重点对设计中的故事方法应用进行介绍。

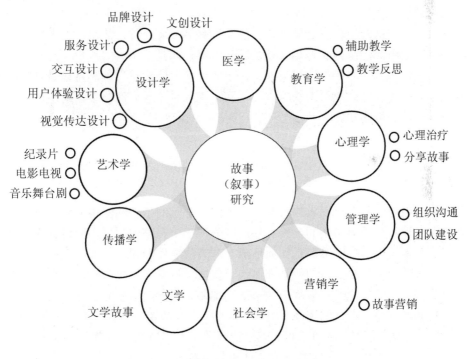

图 2.5　故事和叙事在各个学科中的应用分布

　　对于故事的定义，古今中外的研究的确存在着争议和矛盾，但这不是本书重点关注的内容，暂不做深入探讨。整体而言，故事是一个人们非常熟悉却又对其很难做一个准确定义的概念。无论是《史记》还是《荷马史诗》，都是通过故事的形式来储存和传递信息，记录并承载了人们对故事的理解、判断以及情感。对故事的定义大多和叙事、叙述、事件这些概念相关。因此，从本质上讲，故事的定义可以总结为以下几点。

第一，故事是叙事或事件。故事以叙述的方式将事情或事件内容进行组织、记录和讲述；但不是所有的叙事和事件都是故事。能被称为故事的事件通常包括了时间、地点、人物，情节等多个要素。

第二，故事必然有冲突，或能形成差异或对比的戏剧效果。因此叙事不一定是故事。平铺单调的叙事无法形成反差或冲突，不具备故事所追求的戏剧感。

第三，故事的叙事以人物为中心展开，是关于人的故事。一个故事，无论复杂与否，总是以某个人物为中心，讲述有关这个中心人物的经历和心路历程，并总会涉及其他相关利益者。这也是故事能为大众所接受并得以流传的根本原因。关于人的故事，必定会传递情感。读者、观众通过移情，感受并体验故事主人公的情感变化，从而实现情感代入，达到身份认同的效果。因此，无论是童话故事、神话故事，还是民间流传的真人真事或名人传奇故事，乃至科幻故事、穿越故事等，都是和人相关的话题和内容，都是关于人的叙事。

第四，故事并非简单地记录或讲述事实所包含的信息，故事可以是真实的或虚构的叙事，因此故事不仅包含了事实，更包含了人们的情感。情感通过故事得以宣泄并被感知。

2.2 故 事 要 素

如前所述，故事是以人物为中心展开的有冲突的事件的叙事方式。可见，人物和事件都是故事必备的要素。除此以外，一个完整的故事还应该有其他哪些组成要素，而这些要素又是如何形成有冲突的事件的呢？

故事的要素就是故事的经脉和血肉。人物、场景（包括时间，地点等），情节、冲突、结局等通常被视为故事的基本要素。中西学术文献从不同角度对故事的要素进行了丰富的阐释，例如，黄光玉认为故事包含七个要素，即：人、事、物、冲突、信息、叙事结构、叙事特征[56]。麦成辉认为故事有三要素，即：叙事，场景，对白[57]。罗伯特·麦基认为故事有八大元素：主人公，故事目标，主要障碍，努力的过程，努力的结果，故事的转折，高潮和结局[49-50]。《故事力》一书中提到了包括人物（character）、背景（context）、冲突（conflict）、高潮（climax）、对话（conversation）、结局（closing）在内的六大要素[58]。

在设计学领域，随着故事的设计应用越加广泛，设计学研究者也就设计故事的要素进行了阐释。例如 Berke Atasoy 在其博士论文中着重探讨了用户体验设计中的故事方法应用，明确列出了包括人物（people）、地方（place）、时间（time）、阶段（phrasing）、感觉（feel）、物品（objects）等六个故事要素[59]（图 2.6）。本书作者基于前人研究，将用于汇报设计概念的故事核心要素归结为八个，即人物（character）、场景（setting）、行为（activity）、需求（need）、价值（value）、情感（emotion）、设计问题（design problem）和设计方案（design solution）[26]（图 2.7）。故事可以应用在不同设计阶段为不同目的服务。六要素故事有助于在用户体验设计的初期帮助设计团队讨论用户体验相关内容。八个核心要素在支持设计反思和总结时效果更好，在汇报设计方案时能更清楚、合理、令人信服。详情请参见第 7 章介绍。

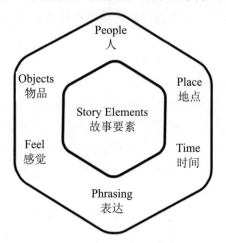

图 2.6 Berke Atasoy 研究中的故事六要素

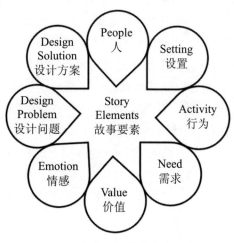

图 2.7 本书总结的故事八要素

本节基于对各种相关资料的调研总结，列举几个最具代表性的故事要素做详细解析。

1．人物

故事的人物，包括主要（核心）人物，即主人公，以及其他相关人物（利益相关者）。故事是关于主人公的故事，讲述他或她经历的事件、心路历程、情感变化、思想见解等。大部分学科或领域运用的故事，尤其是与设计相关的故事，还是以人作为故事的主人公，以其行为活动的变化来推动故事情节的发展。而在文学和影视艺术等领域，也大量使用拟人化的方式塑造故事人物，将动物等进行拟人化形象表达。

塑造故事人物的最大功效是激发同理心，产生移情效果，增强代入感，让故事的受众能感同身受，体验故事人物身上发生的点点滴滴，从而提升他们的情感体验。这就是为什么故事是非常能影响人、打动人、说服人的工具的原因。试想一下，当你看到花木兰代父从军的故事时，有没有感受到花木兰代替年迈的父亲奔赴战场的勇气和决心？是否感受到了花木兰在军中克服重重困难，征战沙场，成为一个英勇大将军的艰辛历程和诸多不易？在经历了移情和情感代入后，相信作为受众的你一定会由衷地赞赏花木兰身为女儿身，却敢为天下先的精神。同时，你也会从"当窗理云鬓，对镜帖花黄"中感受到花木兰的女儿家爱美的细腻心思。甚至，在如今流行穿越剧以及元宇宙开启的年代，你可以通过科学技术的辅助进入故事当中，实现自己也当一次花木兰的梦想。

故事要有灵魂，让受众产生代入感和认同感，就要塑造出具有高辨识度的故事人物。也就是说要有一个能让受众产生情感投射的故事人物，应该是栩栩如生的、有血有肉的形象，就需要在做人物设定的时候不仅要赋予人物具体外貌形象、性别、年龄、身份职业等信息，还应该充分考虑其需求、欲望、目标、动机等内在信息以及他（她）的价值观和行为等内容[26]。在很多的文学剧本写作的资料中都有谈及故事人物角色塑造的技巧以及修辞方法等内容。麦成辉建议大家借鉴美国学者皮尔森（Carol S.Pearson）提出的六种人格发展原型去思考故事人物的设定，从而能讲出一个好故事[57]。在设计中的故事方法应用时，常使用人物角色法（persona）[35，60]，并可以参考马斯洛需求层次理论[61]（图2.8）以及M.Hassenzahl的需求分析理论[62]（图2.9）。

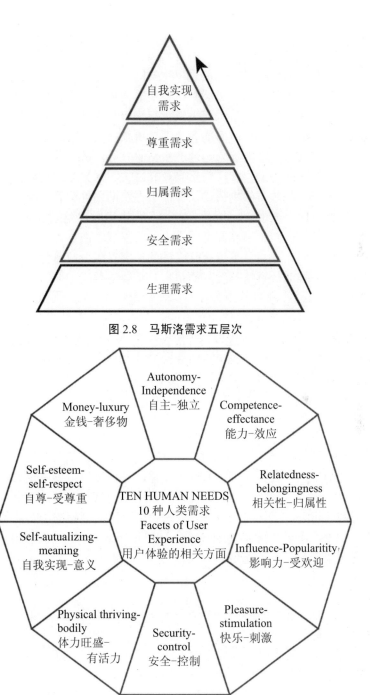

图 2.8　马斯洛需求五层次

图 2.9　Mark Hassenzahl 等归纳的人类 10 种需求

2. 背景

故事的背景，通俗地讲就是故事发生的时间、地点、环境等信息。我们所有的行为动作以及事件的发生必然是在特定的情境、情景、场景之下的。好故事要引人入胜，就必须让故事看起来或听起来有真实感。背景可以营造气氛，调整节奏，可以清楚地交代故事的各个细节所依托的时间和地点等背景信息，让相关信息适得其所，才能让人迅速产生情感共鸣。故事背景是四维的，包括时代（即故事在时间中的位置，包括当今、过去、未来），期限（时间的跨度和长度），地点（是故事的物质维，即故事在空间中的位置）和冲突层面（即故事的人性维）四个维度[50]。因此，在编写和讲述以及视觉呈现故事的时候，背景的交代需要把这四个维度都考虑进去，才能展现故事人物的内心活动，以及在什么样的时间、地点背景下有什么样的冲突发生。故事背景就是故事起承转合中的起，是推动故事情节发展的基本且重要的要素。

3. 事件/场景

事件，是发生的事情。施洛米斯里蒙·凯南认为"一个事件就是一件发生的事情，一件能用一个动词或动作名词加以概括的事情"[44]。一个故事至少需要一个核心事件，也可以由多个事件组成，而这些事件都和故事主要人物有着直接的关系。因此故事事件从本质来说是包括了时间顺序、因果逻辑关系的事件。故事事件是推动故事情节发展变化，促使故事主人公采取行动和经历情感变化的事件。

场景（scene）是产生事件的时空概念。在这一特定的时空内，人物的动作行为、思想情感、社会关系等方面发生变化，事件发生。场景是对这些变化的解释说明，向读者（观众）传递人物和背景变化的信息。罗伯特·麦基认为事件和变化密切相关，变化造成事件，表达价值。因此理想的场景就是一个故事事件[50]。此外，场景和情境（context），情景（scenario）等概念相关。三者的异同，请参阅本书第 6 章介绍。

4. 情节

情节，是故事展开的路径[57]，情节如同勾画故事的蓝图，用于呈现故事的结构脉络并将与此脉络相关的信息关联起来。罗伯特·麦基认为情节就是选择故事事件，并对其进行时间延伸方向上的构建和设计[50]。故事的情节通常需要设计一条核心主线，以此展开故事情节和故事主题。好的情节设计对于推动故事发展有着至关重要的意义。情节的发生发展必定是在特定的场景或情境之中的，需要说明时间，地点，环境等方面的信息。情节能描述事件，阐释主题，解释内涵；有助于和读者（观众）建立联系，揭示故事矛盾冲突[63]，可以快速吸引并抓住读者（观众）的注意力，情节是故事的重要组成部分。同时，情节也应该有逻辑的，连续的[64]，符合人们的普遍认知和常识[48]。故事的情节是由一个个的事件按照故事线构成的。通过情节的推进来帮助读者理解故事事件，因此，情节要为故事读者（观众）带来有价值的（情感）体验。这也是故事对人们的行为活动具有特殊影响力的缘由之一。英国作家克里斯托夫布克（Christopher Booker）提出用七个基本情节关系和五段式结构来推进情节的进展。七个情节包括战胜恶魔（overcoming the monster）、白手起家（rags to riches）、探索旅程（the quest）、远离和回归（voyage and return）、喜剧（comedy）、悲剧（tragedy）和重生（rebirth）；五段式情节结构包括期待阶段（anticipation stage）、幻象阶段（dream stage）、受挫阶段（frustration stage）、噩梦阶段（nightmare stage）和决定性阶段（resolution）[65]。情节还是要依托故事的架构框架，这一部分将在本章后半部分进行阐述。

5. 冲突

与事件这一要素相关的还有一个被称为激励事件[49]的概念。激励事件的实质就是故事的冲突点[50]。简单来说，冲突就是形成故事的"不合常理"的点。冲突点是什么呢？例如花木兰身为女儿身却替父从军，上战场杀敌就是故事的冲突点，清华高才生毕业后回乡种地也是的冲突点，比尔·盖茨从世界一流名校哈佛大学退学创业然后创建了世界知名的微软公司同样是冲突点。这一个个不合常理的冲突点形成了故事。虽然人类大脑有存储并记忆故事的本能，但篇幅过长的故事往往包含冗杂信息，就会像浮光掠影一般无法给人留下深刻印象[66]。人类大脑更倾向于记忆冲突点和转折点。冲突即意味着打破平衡，产生转折。不同的冲突会让故事内容变得无比丰富，让读者（观众）随着冲突的发生和解决感受到高低起伏的韵律节奏变化。冲突是故事中点燃情绪的事件和关键转折点。

故事中的冲突有来自外部环境的冲突，即常说的外因，也有内部原因造成的冲突，通常被称为内因。冲突可以是人和人的冲突、人和环境的冲突，也可以是人物内心的冲突。故事的情节依靠这些冲突推进和发展。主人公遇到困难，发生冲突，平衡被打破，主人公经历情感变化，故事被推向高潮。高潮是矛盾冲突的爆发点。因此需要采取行动来解决冲突，重获平衡，从而完成故事叙事。冲突为故事这个貌似封闭且动态循环的系统带来了突破，让故事情节有起有落，跌宕起伏。冲突也能吸引读者（观众），激发他们的好奇心，并引发同理心，将故事所承载的价值和意义朝明确的方向推进。

我们也经常会听到这样一种说法，即"冲突不止，故事不息"[57]。冲突是故事一个个不合常理的点，更是源于人们不停变化的状态和欲望。马斯洛需求层次理论把人类的需求分为五大类，无论是谁，都会在某个特定时刻特定场景下处于某种需求的满足或不满足的状态，伴随着矛盾冲突，或挣扎或妥协。而我们的社会之所以不断发展，每个个体也在变化，正是因为人们在以各种方式解决这些冲突，从而达到和谐共进，也实现了正向价值观和正能量的传递。因此，冲突是将故事推向高潮和有意义、有价值的关键要素。

6．对话

对话，即故事中人物的交谈、对话。和电影电视剧本相似，对话有助于展现故事人物的性格特点和思想行为。对话在推动情节发展、传递信息、关联人物事件关系，以及揭示矛盾冲突，表达情感和传递价值等多方面都有着积极意义[63]。对话是故事的点睛之笔，是故事人物之间交流，以及读者观众和故事人物交流的桥梁和纽带，能拉近距离，增加代入感。对话能让故事活起来。

7．情感和价值

人类大脑会对感官所接收的信息自动产生相关反应，并结合过往经验自动脑补空白。故事的读者（观众）会产生情感，并享受自主选择细节参与故事情感。在设计学科，尤其是以人为中心的设计领域中，例如用户体验设计、服务设计、交互设计等，情感是需要重点考虑的方面，故事在实现人性化设计上具有得天独厚的优势，有助于设计师更好地理解用户的需求、偏好、痛点、目标和愿望等。

故事价值是通过故事人物的行为变化、事件以及情节的展开而体现的，是带有人类经验特征的内容，也是故事主人公世界观的呈现。

2.3　故事结构（story structure）

要把一个故事讲明白，让人能听懂，需要一个合适的故事架构，将故事元素组织串联起来。通过对故事主线的叙述，让受众明白这个故事发生在什么样的场景中，要表达什么主题和价值观，要营造一个什么样的情绪氛围，等等。好的故事结构不仅能让故事有意义，还能激发情感，表达价值观，从而让故事情节一波三折，并和受众建立联结，激发他们的代入感。

故事结构是对事件的选择和排列组合[50]，用视觉化的形象比拟，结构就好比一棵大树的主干，形成了故事线（storyline），起到了搭建框架的作用。而事件就好比这棵大树的各个枝干，而那些支撑事件的故事要素就是大树的叶片、花朵等细节内容。大树的枝繁叶茂是主干，枝干以及叶片共同形成的。故事情节就是基于故事结构主线进行故事信息的选择，并根据相互关联的可能性进行组合安排[50]。具体而言，故事的结构包括从何开始，在何处遇到转折点发生冲突，然后在何处结束，即我们常说的"起承转合"。同时，故事的结构也决定了故事呈现的顺序和方式。合适且合理的结构会让故事的信息组织更为合理，让冲突的产生自然且有影响力，让故事更巧妙和有新意，制造紧张抑或悬念，加强情感代入和情感体验，让受众得到启发。在很大程度上可以说一个故事的成功取决于它的结构。因此故事结构形成了一种策略指导，能吸引受众的注意力并激发他们的情感体验。

中外文献资料对一些最具代表性的故事结构都做了介绍。尽管在文化和地域等方面存在差异，这些经典的故事结构仍然广泛适用于大多数的故事。本章对现有的研究故事结构的文献进行了梳理，对最具代表性的故事结构理论进行了总结。

普罗普的民间故事形态（Propp morphology of the folktale）理论对大量的俄罗斯民间故事进行了分析，并在31种常见民间故事主题中发现了类似的故事结构，将其称为故事功能（story function），即故事主人公所可以采取的以一致顺序发生的可分类行为[67]。坎贝尔（Campbell）对神话、预言、民间故事等进行跨文化、跨时间段的深入研究，指出历史上所有伟大的故事大都用了同一种结构，即故事主人公（英雄）旅程故事：故事一开始介绍主人公，并说明他得到召唤将要尝试一次冒险。尽管一开始，故事主人公自身可能对冒险是拒绝的，但导师鼓励他接受挑战，与他一起跨越从普通世界到探索新世界的门槛。随后，主人公经历考验，故事达到高潮。通过考验，他也获得了经历磨难的回报。最终，主人公带着满满的收获和亲身体验开启了返程[68]。图2.10所示的就是英雄旅程的故事结构。

亚里士多德（Aristotole）对诗歌中的故事技巧和感情体验进行了观察和分析，探究讲故事的技巧以唤起观众的特殊情感体验[69]。他的戏剧理论将故事人物的动作结构用可视化图形说明，用开始、中间和结尾来描述人物动作顺序。这种方法是一种通过讲故事来创造情感体验的策略。弗雷塔格（Freytag）拓展了亚里士多德的理论，将其发展为五段式（Freytag's five-act）故事结构。该结构也普遍适用于分析古希腊戏剧和莎士比亚戏剧[70]。图2.11所示为弗雷塔格的五段式故事结构，也被称为弗雷塔格曲线（Freytag's curve）。如图2.11所示，五段结构分别是：阐述（exposition）→上升阶段（rising action）→高潮（climax）→下降阶段（falling action）→结局（denouement）。在阐述阶段，引入英雄主人公和恶人两种人物角色，从而开始铺设故事的场景情节。在上升阶段，通过对一个已被确定的目标的复杂性和不确定的表达让故事的张力（紧张程度）逐渐加强，矛盾冲突逐渐升级。高潮也称作危机，事实上就是故事的紧张程度和不确定性达到最高点，并能最大程度上激起受众的参与感的那个时间点。下降阶段，冲突通过英雄战胜恶人而得以解决。结尾是整个故事的结束阶段，即悬念结束，困难得以解决[71]。

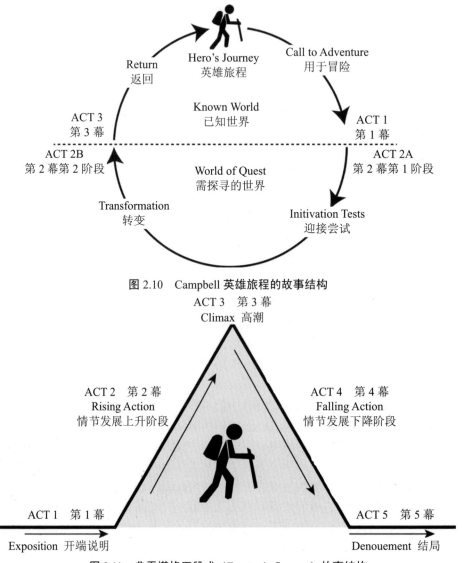

图 2.10　Campbell 英雄旅程的故事结构

图 2.11　弗雷塔格五段式（Freytag's five-act）故事结构

菲尔德范式（Field's paradigm）是当前较为流行的故事结构，即我们所熟知的菲尔德三段式结构，包括开始→中间→结束三个阶段。从上一阶段到下一阶段通过被称为情节点的时刻来呈现事件的变化和故事方向的改变[72]（图2.12）。可以说菲尔德范式是弗雷塔格的五段式故事结构的简化和压缩版本。如图2.12所示，菲尔德范式开始阶段也被标注上了设置（setup）字样，即向故事的受众介绍故事人物是谁，然后展现故事情境和冲突矛盾，并将其与故事主人公未被满足的需求欲望之间建立关联[74]；中间阶段被定义为对抗（confrontation），可以解释为这个阶段通过展现一系列主人公所面临的困境来推动故事情节。这期间可能有很多危机冲突点暂时得以解决，但整个故事仍然不可避免地继续推进，从而达到矛盾冲突的高潮点。对抗这个词义本身也隐含了主人公在这一阶段进行着对内对外的矛盾对抗之意；结束（resolution）阶段将故事可能松散的结尾和故事主题内容进行联系，提供解决方案而不是直接告诉受众确定的结局。这便能让受众看到故事主人公在高潮时为应对困境而做出的决定或行动的结果到底是什么[74]。

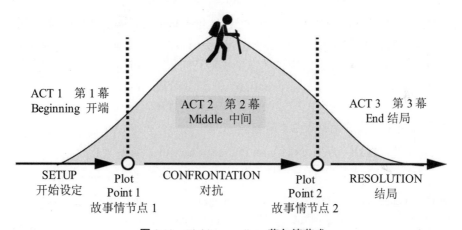

图 2.12　Field's paradigm 菲尔德范式

另外一个研究者菲曼（Freeman）认为三段式的故事结构可以以视觉化的方式呈现横轴上的时间（time）和纵轴上的戏剧张力（dramatic intensity）两者之间的关系[74]，如同能量曲线一般非常经典，因此将三段式结构进一步细化为亚里士多德情节曲线。Glebas 对戏剧张力的阐释为情感深入程度，即纵轴描述的是受众在多大程度上能参与到故事里或在故事里迷失了[75]，类似代入感和移情效果。如图 2.13 所示，故事的三段结构中，沿着时间轴的方向，故事情节呈现高低起伏的波谷状走势，使故事充满戏剧张力。随着情节的推动，故事的戏剧张力一次次沿纵轴上达到顶点，即危机点，然后在最高的顶点达到高潮。将故事情节发展以这种可视化的方式表达，对于故事技巧策略的学习者而言，直接明了又清晰易懂。

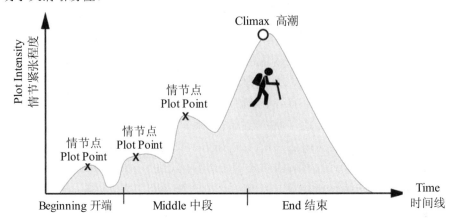

图 2.13　菲曼（Freema）三段式的故事结构

此外，如前文所述，克里斯托弗·布克（Christopher Booker）提出了故事五段式情节进展结构以及由此产生的七种基本故事情节关系，丰富了对故事结构理论的阐释。五段式情节进展结构具体包括了期待阶段（anticipation）→幻象阶段（dream stage）→受挫阶段（frustration）→噩梦阶段（nightmare）→决定性阶段（resolution）[65]。这个五段式故事结构和弗雷塔格（Freytag）的五段式结构在很多方面是一致的，见表 2.1 所列。

表 2.1　Freytag's Five-act 和 Christopher's Five Stages 对比

弗雷塔格 Freytag's five-act			克里斯托弗·布克 Christopher's five stages		
ACT 1 第 1 幕	Exposition 阐述	引入英雄和恶人，铺设故事情节	Stage 1 第 1 阶段	Anticipation 期待阶段	初步介绍人物、背景、矛盾冲突的发生
ACT 2 第 2 幕	Rising Action 上升阶段	主人公的目标有复杂性和不确定性	Stage 2 第 2 阶段	Dream Stage 幻想阶段	事情进展顺利，好像都可以解决，但只是幻想
ACT 3 第 3 幕	Climax 高潮	问题的复杂性和不确定性达到最高点	Stage 3 第 3 阶段	Frustration 受挫阶段	正面看到真正的大险阻，前一阶段的幻想破灭
ACT 4 第 4 幕	Falling Action 下降阶段	英雄和恶人对抗	Stage 4 第 4 阶段	Nightmare 噩梦阶段	故事进入高潮，一切逐渐又看似绝望

弗雷塔格 Freytag's five-act			克里斯托弗·布克 Christopher's five stages		
ACT 5 第5幕	Denouement 结局	英雄战胜恶人，冲突得以解决	Stage 5 第5阶段	Resolution 决定性阶段	英雄克服困难险阻，及个人内心弱点困扰

罗伯特·麦基提出故事包括八个阶段。故事叙述有三种逻辑，即自然逻辑，符合客观实际的，真实的逻辑；时间发展逻辑，即情节的发展要符合人们一般认知；人物的性格逻辑，即在故事中，面对同一事件时不同人物有不同反应。因此，故事的叙事结构可以基于这三种逻辑来组织信息[49]。故事包括的八个阶段，即目标受众、激励事件、欲望对象、第一个行动、第一个反馈、危机下的抉择、高潮反馈[49]。转折分外在转折和内在转折，外在转折可以是意外或巧合，并可以通过寻求他人的帮助等方式推进故事，内在转折是由于故事人物的个人成长、意识变化觉醒或者意识回归等形成的转折。

好的故事结构因为适当的情节节点而形成明显的故事线，即故事叙事脉络。这样的结构具有合适的信息覆盖度（即信息量足以支持说明整个故事）、匹配性、连贯性、合理性、独特性，并能留有余地，激发读者的想象，耐人寻味，因而故事的品质也相应提升[73]。

2.4　本 章 小 结

本章对故事的定义、故事的核心要素，以及经典故事结构进行讲解和梳理。故事伴随着人类发展的历史一路前行，并不断发展，是人类重要的文化内容和交流方式。充分理解故事的要素和结构，对创建故事，以及在设计实践中应用故事法辅助设计具有非常重要的意义。

第 3 章 故　事　力

将故事力作为一个单独章节来介绍，主要基于如下几点理由。第一，故事力是当下非常流行的一个词语或话题。除了相关主题的书籍热销之外，各种社交平台上，如知乎，小红书，简书等，以及很多的讲座和圆桌分享等活动都有关于故事力的各种讨论。第二，故事力被誉为制胜未来的六大能力之一，是一种高级人类智慧，是综合思考和解决问题的能力[1]。为应对未来社会的高要求，并提升自身的综合实力，故事力是我们应该重视并需要去培养和提升的能力。如今，在很多行业，如设计、销售、教育、管理，等等，故事力已经成了人才培养以及规划管理等方面越来越被看中的能力。第三，故事力是全新思维能力，与右脑思维和创造力相关。故事思维是一种可以用于指导创新设计的思维模式，因此故事力与故事思维和设计思维密切相关。用故事思维辅助创新设计实践，是故事力方法论层面的探索。故事力将有助于我们做好设计并用这些设计去影响甚至改变人们的行为或思考方式，让人们拥有更美好的生活。

总结上述，本章专门讲解故事力，一为呼应其在当下的受关注热度；二为说明其重要性；三为本书第 4 章故事思维和设计思维做铺设。本书将在第 4 章重点介绍故事思维和设计思维及其相互关系。

3.1　故事力的概念

言归正传，那么到底什么是故事力呢？丹尼尔·平克在其代表作《全新思维：决胜未来的 6 大能力》中对故事力的定义是"存在于高概念和高感性的交汇处，是一种高概念和高感性能力，它通过将一件事置于另一种情境的方式来加深我们的理解"[1]。该定义的前半段强调了故事力是一种高级的综合能力，而后半段说明故事力的优点在于情境考虑，这种方式就是讲故事和逻辑思考两种思维方式的最大差异性所在。正如本书第 2 章的介绍，故事是由发生在一个个的情境或场景之中的事件组成的。或许情境思考正是故事力能展现如此大魅力的最根本的原因吧。

同时，该书也引用了美国知名心理学家、设计师唐纳德·诺曼（D.Norman）

对故事力的本质的阐释，即"故事力能精确捕捉到正式的决策方法未曾提及的因素。逻辑能力是要进行归纳总结，脱离特定的情境作出决策，不能带任何主观情感因素。而故事力能捕捉情境和情感，是重要的认知行为，能够对信息，知识，情境和情感进行整合"[1]。诺曼在其著作情感化设计系列丛书中也曾多次提及讲故事做设计，高度肯定了故事力[76]。从平克的定义以及诺曼的阐释中，我们应该能明确地感受到故事力是一种综合的高级能力，是高级智慧，而且更像是方法论，可以应用于很多方面的工作实践。同时，有必要说明的是故事力并非泛义上指向故事的影响力或者感染力等方面的意思。故事力更侧重强调运用故事思维和故事方法来讲故事，并产生影响力。可见，讲故事是展现故事力的方式或手段。讲故事产生的结果是产生影响力。因此，故事力是一种行为（讲故事）＋结果（影响力）的整合。即是否能讲好一个故事，以及所讲的故事是不是好故事，都直接作用于其所产生的影响力，对故事力效能能否产生最大化影响。

3.2　故事力的重要性

故事力的重要性其实已经由其定义决定了。我们将其归纳为以下三点。

首先，故事力有助于强化讲故事的能力。正如其定义所述，故事力是通过讲故事产生影响力，那么讲故事就是实现故事力的方式和手段。众所周知，讲故事是人类重要的本能。认知科学家马克特纳将故事定位为人类最基本的思维方式。作为理性思维和理解事物的基础，故事是我们大部分人生经历和文化知识的最重要载体[77]。纽约大学社会心理学家乔纳森海德特提出"人的大脑是故事处理器，而不是逻辑处理器"[58]。讲故事和我们的生活息息相关，紧密相伴。Glebas认为单凭逻辑不足以很好地说服他人，而讲故事却能轻易实现[75]。讲故事能弥补理性逻辑思维的短板，是人类沟通交流的有效方式。故事具有极强的情感沟通力和感染力，难怪亚里士多德坚信"我们无法通过智力去影响别人，情感却能做到这一点"[58]。这便是故事力的作用效果。通过讲故事，塑造人物角色、打造情境、设置情节、营造想象空间；联结人与人、人与环境、人与社会的关系；可以树立观点、输出价值，但不说破点透，避免直接冲突，又发人思考，在润物细无声中潜移默化地产生影响，即实现故事力。因此，讲故事和吃穿住行一样，是人们的基本生存方式。我们在众多文献资料都能找到强调讲故事的种种好处的记录，然而在如今科技高速发展的时代，讲故事貌似又成了一种被遗忘的能力，或者说是被湮没和弱化了。尤其在一些刷流量看数据的领域，讲故事的重要性往往被忽略或被低估了。试想一下，是看一堆枯燥乏味的数据图表，还是听故事来得更有趣更有吸引力呢？《水浒传》《三国演义》以及《安徒生童话》等众多一直畅销的中外书籍，其原因皆在于这些书籍无不在讲故事[78]。故事力倡导的本质就是强化讲故事的能力。只有通过不断践行讲故事，讲好故事，讲好的故事，才能让故事力产生更好更大效果。

其次，故事力是制胜未来的六大能力之一。制胜未来，以前瞻的大格局的视角将对未来人才的要求提到了前所未有的新高度。正如丹尼尔·平克所述，有创造力和右脑思维的全新思维人才才能更好应对智能多元化的未来。故事力和其他五大能力，即设计感、交响力、共情力、娱乐感以及意义感是全新思维人才应该必备的能力[1]。这六大能力相互独立又相辅相成。如果说故事力是一种能力（把故事力当作一个名词），那它就是凝聚了情商和沟通（即共情力，交响力，娱乐感）、领导力以及战略性思维（即设计感，意义感）的综合能力，是思考和解决问题的策略和方式。如果视故事力是行为（讲故事）+ 结果（影响力）的整合（把故事力当作一个包括动宾结构和结果的短句），故事力发挥作用的过程中，也必然有其他五大能力的参与。从这个角度来看，故事力是更为全面，更高层次的能力。可以说拥有故事力的同时，也基本掌握了其他五大能力。

最后，故事力是故事赋能[79]的最优态。故事赋能，顾名思义，通过讲故事赋予人们更多能力、能量和可能性。故事的分享者（即讲故事的人）是故事赋能的最主要受益对象。一方面，要讲出你的故事并对别人产生影响，就需要具备故事力，能把相关的信息元素放到情境中，以故事的形式组织整合并分享。这也意味着故事分享者要将讲故事作为一种思考和解决问题的方式以及沟通方式，并通过这种方式赋予自己高能力和高要求，也能通过这种方式探索自己更多的可能性，发现更多机会点。我们不难发现一个有趣的现象，越有名的人越会讲故事。他们都是有强大故事力的人，偏爱讲故事并最大化其影响力。他们会战术性地使用故事力这把万能钥匙去开启成功之门。马云、乔布斯、比尔·盖茨、马斯克等名人都是拥有故事力的典型代表，也都是故事赋能的受益者。拥有故事力，让故事赋能也是许多人在演讲、营销、TED 分享、设计新品发布，乃至总统大选等活动中获得成功的秘诀。故事力的情境思考方式让沟通交流变得更有温度、更加有趣，从而能获取信任，获得认同[64]。另一方面，故事力意味着高情商，即具有很强的快速识别并调控情绪的能力。这样的高情商可以通过故事赋能获得，即通过讲（分享）故事将自己代入故事中，置于故事情境中去思考和体验故事主人公的历程，在遇到问题、发生冲突，寻找解决方案的过程中，故事分享者的同理心以及情感代入将有助于提升自我情绪识别和管控能力。如此多次的尝试之后，故事分享者可以提升他们自己在情商方面的体验，即感受到故事赋能的成效。可见，对故事分享者而言，他们是故事赋能的直接受益者。故事赋能让他们成为有故事力的人。

另外，对于故事的读者（观众）而言，同样也可以通过故事赋能，让自己的故事力得到锻炼和提高。故事有场景、有人物、有冲突、有情节，是吸引人的、有感染力的。畅销书作家玛格丽特·帕金所说，讲故事可以激发好奇心，并大幅提高人们的兴趣度以及对信息的接收程度[79]。故事的读者观众更愿意将自己代入故事的情境中，去体验和感受故事的起承转合，去接收和理解故事传递的情感和价值等信息。看完故事以后，读者（观众）的行为、动作以及思考和情感等很多方面都可能受故事影响而发生改变。尤其是那些具有强烈戏剧冲突的故事，以及能让读者（观众）有极强代入感的故事，对人们的影响力会很明显。这其中的缘由不仅仅是这些故事内容本身的精彩，更因为故事常常抚慰人心、激励成长。从这个层面来看，对故事的读者（观众）而言，讲故事会影响他们的言行，这就是受益于故事赋能。

过去大家曾认为中国教育对讲故事能力的培养相较欧美偏弱。美国人欧洲人动不动就讲故事，而我们在这方面略显不足。而现如今，无论是传统媒体还是新媒体，线上还是线下，讲故事比比皆是。可见，故事赋能的成效已经非常明显。故事力及其重要性已经开始得到大众的认同。以设计、教育和营销为代表的学科及行业也加强了对故事力的重视，并加大了对讲故事能力的培训[80-82]，旨在让故事赋能达到最优状态，让更多的人都能拥有故事力。

3.3　故事力和创新设计

在了解了什么是故事力，以及为什么故事力时下如此流行和重要的原因之后，我们再来谈谈故事力和创新设计的关系。在丹尼尔·平克的理论中，制胜未来的六大能力第一个就是设计感，然后是故事力，随之是交响力、共情力、娱乐感和意义感。原作者是否对这六种能力做前后排序的刻意设计和强调，我们其实并不确定。我们可以感受到的是这六大重要能力之一的故事力和创新设计是密切相关的。

第一，这六大能力的提出是基于未来人工智能时代对人类的挑战这样的大背景。为了更好地与人工智能竞争，未来人才必须具有全新思维。创造力便是全新思维的重要内容之一。而创新设计，本质上体现了对创造力的高度重视，强调发挥创造力做设计产出为人类社会带来价值和意义。因此，未来的创新设计依赖于有创造力的人才，这样的人才也必定是具备六大能力的全新思维人才。故事力是支持创新设计的必备能力之一。

第二，可以从两个方面来解析设计感。一方面，作为六大能力之一，设计感侧重强调人人都是设计师，人人都能做设计。设计的范围被扩大化，指的是"每个人每天都会做的活动"[1]，而并不仅限于专业设计师的设计活动和产出。正是因为每个人每天都在做设计，设计感如同讲故事一样，被认为是"人类的一种基本天性"[1]。另一方面，这里的设计感更蕴含了实用性的意义，强调实现设计缔造改变，用创新设计满足人们的需求，从而让生活充满意义。人们的需求千差万别，需要基于情境综合考虑人、物、环境、社会等多方面的因素，实用性问题才有可能得以解决或优化。而故事力的本质是用情境的方式来思考和解决问题，故事力是支持人们进行日常设计实践的有力保障。

第三，如今的创新设计普遍强调设计思维。讲故事是设计思维中的重要方法和工具，在多个领域得到越来越多的推崇和应用。故事有助于激发灵感，脑洞大开，促进创新设计。故事可以被可视化表达出来，用视觉图形图像符号来直观传递信息，促进交流。同样，故事的场景化呈现和情境考虑有助于让设计的痛点和需求点得到合理的解决和落实。设计思维对于讲故事的重视也是对故事力的价值和意义的认同。本书第 4 章介绍故事思维和设计思维，凸显创新设计和讲故事的密切关联。

3.4 培养并提升故事力

故事力如此重要，那么我们应如何获得或掌握它呢？故事力是一种综合能力，就像学英语、学画画、学钢琴或者学习其他技能一样，故事力可以被当作是一门技艺去学习并通过不断练习而精进掌握的[58]。

故事力是制胜未来的能力之一，因此我们很多人都需要学习培养自己的故事力。例如，如果你是职场小白，想要实现个人逆袭和高质成长。用故事力打造个性人设，设计个人 IP，有助于变身职场达人。如果你是设计践行者，也需要学习并提升故事力，用故事赋能设计，提升设计质量。还需要用故事力去影响别人，让更多的人认同设计理念和价值。如果你是新晋创业者，更需要学习培养故事力，尝试去讲述你的创业故事或品牌故事，获得宣传推广的最佳效果。如果你只是普通的老百姓，你也同样是日常生活中的设计师。培养故事力也必然会让你的生活丰富多彩，充满意义。

学习培养故事力，讲故事必然是重要内容。如何讲故事，如何讲好一个故事，其中的各个环节、各个方面都需要学习和大量练习。当前很多网站平台，线上线下都陆续开办了关于讲故事、提升故事力的各种讲座培训，也有很多的书籍资料都在介绍如何写故事和讲故事。另外，科技为我们提供越来越多的工具让我们以故事的形式进行交流。互联网搭建一系列用于讲述富有高感受力故事的平台，例如新浪微博、小红书、快手以及 YouTube、Facebook 等网站平台都为我们打开了讲故事的大门。邀请用户讲述生活中的故事，分享故事，微信、微博以及 Flickr、Picasa 允许我们通过图片来讲述故事。短信，电邮也为分享故事创造机会。这些都是培养提升故事力的绝佳机会。本书侧重对设计领域的故事方法研究，在此就不对设计价值做深入探讨。

培养故事力，就是培养高情商，培养用情境方式和故事思维模式去思考和解决问题。故事力应该被当作是一种需要终身学习的能力。唯有如此，我们才能以更高维度更大格局更高要求去认识自己，修炼自己，去认识世界，理解他人，去思考问题，寻求优解。

3.5　本章小结

本章对故事力进行了全面解析，分析了其重要性及其对创新设计的意义。最后指出故事力和其他方面的能力，例如绘画能力，语言学习能力一样都可以学习和练习以掌握的。因此无论哪个行业，尤其是对设计学科的从业者而言，不仅要充分认识并理解故事力的重要意义和价值，更应该身体力行地培养和提升自己的故事力。

第 4 章　故事思维与设计思维

4.1　故事思维（story thinking）

故事力这一概念随着《故事力》一书的热销被广泛宣传和推崇。而安妮特·西蒙斯的《故事思维》[78]一书也将故事思维这一个概念推到了新高度。故事思维同故事力一样，如今在很多行业，例如商业营销、广告、教育、管理以及设计等领域都越来越多地受到关注。故事思维是一种思维方式，是具备故事力所必须拥有的思维模式。那么什么是故事思维呢？

首先，故事思维是一种思维模式。人类通过感官接收，感知，并处理外部各种信息，然后形成自己的主观认知。思维是人类综合且高级的智力活动，是基于感知但又超越感知的高级认知。因此故事思维是一种高级认知[78, 83]，属于认知范畴内的概念。

思维通常被认为是"人用头脑进行逻辑推导的属性、能力和过程"，逻辑性是思维内在的特点。无论思维被做了何种的定义和分类，必然包含了对逻辑的强调和应用，只是在程度上各有不同。故事思维并不是和逻辑思维相对立的思维方式。作为一种思维模式，故事思维具备思维的一般特点，即逻辑性也自然蕴含在故事思维中。相较之下，故事思维更强调感性层面的内容，即充分发挥故事的情感效果来形成人的认知。然而一个故事的产生以及讲述和传达都是需要逻辑性进行内容的合理规划和组织架构的，否则一个逻辑混乱，前因不搭后果的故事不可能吸引人，只会让人一头雾水，不知所云。因此对逻辑思维和故事思维不能做单一理解和简单对立划分。

其次，故事思维作为一种思维模式，其实在人类历史的早期阶段就已经诞生，而且历经人类千百年的运用实践，在促进信息传递、知识积累、文化发展和传承等多方面都具有非常重要的意义。但它作为一种思维概念的正式提出的历史相对不长，却是人类认知革命史上的重要里程碑。一方面，认知科学对人类心智的故事化机制进行了研究，认为正是由于人类身体接收感官刺激形成意识，运用思维进行判断并做信息分类，大约只有 1%能引发注意的信息被认知和记忆，而其余的99%信息被忽略。故事具备了吸引注意的能力[84]，因此故事思维是人类心智发展中处理并记忆信息的重要方式；另一方面，对于思维的研究，有学者从认知学科的视角做专业学术研究，例如，从不同角度对思维进行分类并分别定义。如果从思维的典型模式来分类，可分为归纳思维和演绎思维、抽象思维和形象思维、发散思维和聚拢思维、单一思维和多向思维、横向思维和纵向思维，以及正向思维和逆向思维等。如果从涉及的不同领域对思维进行分类和定义，可分为商业思维、数据思维、产品思维、设计思维以及创新思维等。随着文化及科学技术的发展，新的思维模式的定义也层出不穷，例如破局思维、跨界思维、虚拟思维等。故事思维的提出，一方面是基于对人类漫长历史中的故事应用实践的总结，另一方面，也是与当今社会发展以及未来社会发展趋势相适应的。故事思维是基于故事的思维模式，是支持故事力的思考方式。丹尼尔·平克提出故事力一词，并将其位列制胜未来的六大能力之一[1]，足见其对于故事思维及其重要意义的肯定和推崇。

再次，故事思维也是一种帮助解决问题的方法论。一个人的思维方式以及思维的广度和深度都会影响其格局和视野，也会对其行为模式产生直接影响。即思维模式可以上升到方法论层面，决定一个人做事的方式方法和思考行动的方向路径，从而辅助实践，提升能力。神经科学认为人类大脑的左右脑分工不同，各自具备独特的功能。左脑负责控制语言、逻辑分析、推理计算等理性思考任务，擅长将信息进行整合，有序排列组织信息，让其合理合逻辑。右脑则主要负责处理感性活动和任务，即情感、图形、知觉任务等，在解析情境和语境，以及同步处理和理解多种信息等方面具有得天独厚的优势[1]。故事思维是以故事的逻辑进行思考，而故事是场景化的情境叙事，以形象化方式将相关信息关联。因而故事能赋予人们无限的想象空间和力量，能帮助人们回顾过去、思考当下，并预测不确定的未来。故事和音乐一样，可以实现跨文化、跨地域的交流，以多元多视角的方式融合理解信息。故事具有单纯逻辑思维所达不到的沟通效果和影响力[78]。基于故事的思维方式符合右脑思考模式，因此故事思维的本质上是右脑革命。故事思维是思考问题、解决问题的方法论。

最后，故事思维是可以培养的。故事力是应对未来挑战所必备的能力之一，是可以通过训练来培养和提升的。而在故事力的形成过程中，故事思维提供其在思维认知层面的导向，是能指导并辅助实现故事力的方法论。掌握并能运用好故事力，必然离不开故事思维。故事力的培养过程，本质上也是故事思维的培养和形成的过程。故事思维是思维模式的一种，因而，为大家所认同的看书学习加实践训练的方式也同样适用于故事思维的培养。这方面的内容在认知科学以及教育等领域已经有相关的研究，最具代表性的就是安东尼·塔斯加尔

（Anthony Tasgal）的《故事力思维》[89]一书，该书重点介绍了如何培养故事力思维，本书不再做详细介绍。但是故事思维和我们接下来将要介绍的设计思维紧密关联，后续我们将从设计的视角来探讨故事思维以及故事力在创新设计中的关系和应用（即本书的主旨：讲故事做设计），以及如何在设计中让故事思维和故事力更好地发挥作用（即支持讲故事做设计，做好设计以及做好的设计的相关方法和工具）。

4.2　设计思维（design thinking）

4.2.1　设计思维是什么？

创新一直是推动人类社会发展的重要因素，设计尤其需要创新。过去的作坊式生产方式中，工匠们依靠自己的手艺做各种创新设计。工业化时代，科技的进步促进了生产方式的转型，实现了大规模批量化的生产和创新设计。如今的互联网时代包容多元，人们更加倾向于个性化、定制式的设计创新。无论在什么时代背景下，人们的创新设计总是在一定的认知和思维的指导下，在特定的场景中进行的实践活动。这就是为什么埃及金字塔、悉尼歌剧院会是如此模样，中国明代家具和宜家家居会是如此风格，还有意大利阿莱西设计、荷兰飞利浦设计、日本的索尼设计、美国谷歌设计、苹果设计以及咱们中国的华为设计和小米设计，等等，最具代表性的创新设计是这些企业成功的原因所在。可见，设计思维从来都不是一个全新概念，只是在过去并没有被明确提出。如图4.1所示，早在1969年，第10届诺贝尔经济学奖获得者赫伯特·西蒙（Herbert A.Simon）在《人工制造的科学》一文中首先将设计作为一种思维方式提出。他将设计定义为优化现有情况的过程，设计探讨的是"可能成为什么的偶然性"，而自然科学是对"是什么"的必然性的研究[86]。设计思维作为一个概念首次出现是1986年在哈佛大学设计学院布朗教授的《设计思维》一书中[87]。布坎南于1992年发表的《设计思维中的难题》（*Wicked Problem in Design Thinking*）一文指出设计思维具有强延展性，即可拓展到社会生活的各个领域的[88]。随后斯坦福大学在2005年正式成立设计学院D.School，以设计思维为教学理念，以培养创造力为目的[89]，自此，设计思维开始自美国到欧洲，然后在全世界范围内得到传播和倡导。从我国2017年开始积极推行新工科、新文科建设以来，格外注重培养创新设计人才和高素质复合型人才，设计思维在中国也越来越受到设计教育和行业实践的重视。

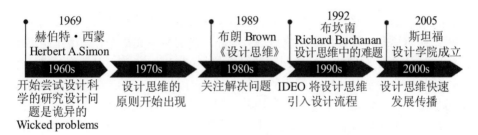

图 4.1　设计思维发展历程

设计思维的重要性已经得到了设计从业者的理解和认可。同时，大量设计研究者和一线设计师都在践行着用设计思维来指导设计活动。设计思维到底是什么呢？事实上设计思维并没有固定或统一的定义。以下列举了具代表性的设计思维的定义。

斯坦福大学设计学院 D.School 定义设计思维是创意活动的一种方式，由四个环节来阐释，即调查研究（获得设计切入点和方向）→问题定义（定义范畴和领域）→计划与原型（确定计划，设计原型）→设计实现（作品实现并展示）[89]。

知名创新设计公司 IDEO 的蒂姆·布朗（Tim Brown）以及大卫·凯利（Davide Kelly）系统地总结了设计思维的方法论，创新流程和工具，认为设计思维是"以一种以人为本的设计方法，将人的需求，技术可能性以及对商业成功的需求整合在一起"，即用设计者的感知和方法去实现既可以满足技术和商业需求，又能满足用户价值和市场机会的人类需求创新方式[90]。

软件三巨头之一，SAP 的首席架构师鲁百年教授定义设计思维是这样一种思维模式，即从最终用户的交互行为和方法出发，利用创造性思维对产品、项目、流程、商务模式等进行设计规划，并结合观察、探索、头脑风暴、模型设计等方法以制订设计目标和方向，寻求有效且创新的解决方案[91]。

设计思维是一种以人为本的解决问题的创新方法论[92]。

百度百科的定义："设计思维是一种以人为本的解决复杂问题的创新方法，利用设计者的理解和方法，将技术可行性，商业策略与用户需求相匹配，从而转化为客户价值和市场机会"。

设计思维是世界上先进的创新方法。

设计思维是思维方式和方法论，支持为所服务的人群做持续创新。

设计思维如今已经成为创新设计领域，尤其是工业设计、用户体验设计、交互设计、服务设计等方向的具有普适性的指导方法。设计思维让创新设计有步骤流程可循，有方法思维指导，有助于提升设计品质和设计价值。设计思维的各种定义几乎都传递着一个观点，便是设计思维强调以人（用户）为中心，注重发现问题和解决问题。早期有关设计思维的探讨大多从哲学视角去分析设计思维的本质和特征，侧重围绕对于"问题"的定义和建构[93, 94]。然而，设计问题也被认为是诡异的（wicked）和模糊的（vague）[88, 95]，是不确定的。因此，需要结合特定情境，即特定的场景、特定的人、特定的立场等多方面的综合考虑才能将问题定义清楚合理。因此，设计思维要求设计师首先要去倾听并理解用户，洞察设计机会点，即发现和挖掘人类的需求点和使用各种产品、系统、服务中的痛点，然后才能以创新设计的方式去探索解决这些问题的可能性。这样的思维可以通过五个步骤得以实现流程（图 4.2），即同理心思考（empathy），需求定义（define），创意构思（ideate），原型制作（prototype）和原型测试（test）[89, 96]。

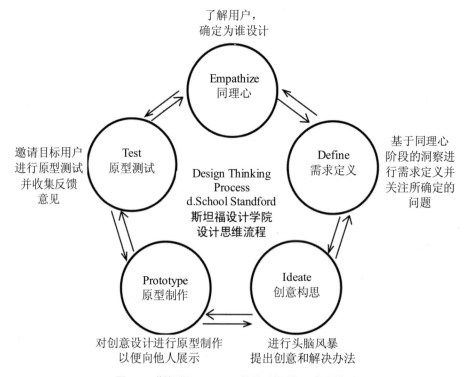

图 4.2 斯坦福 D.School 的设计思维五阶段模型

同理心（empathy），也称共情，移情，就是要能设身处地，换位思考，去了解用户，理解人们的各种需求和感受。同理心是做好人性化设计，体验设计，以及包容设计（主要针对残障人士和弱势群体的设计）和无障碍设计最基本也是最重要的要求。这和我们传统文化中讲究与人之交需要换位思考，将心比心的意思同理。只有用同理心去思考，才能发现设计所要服务的人们的需求和问题，也才有可能实现设计的价值。同理心思考不能是凭空而来的，需要通过多种用户研究方法，例如观察法、访谈法等才能在实践过程中具体展开。只有在特定的情境下进行同理心思考，才能达到深刻理解和挖掘问题的效果。

需求定义（define），顾名思义，就是对所发现的问题进行整理分析，综合理解人们的需求和问题，提炼出核心问题点。

创意构思（ideate），需要综合使用各种创新工具，例如头脑风暴brainstorming进行创新设计方案的构思和提案，并可以辅助思维导图以及设计草图等各种形式快速记录和表达。创意构思这一阶段主要为探索解决问题的各种可能性。而解决问题的设计方案不可能一提出便是完美答案，因此创意构思必然也是迭代式发展的过程。

原型制作（prototype），即用产品模型或交互原型等形式将在前一阶段创意构思中提出的可能的解决方案快速制作出来，实现主要功能。

原型测试（test），就是把前一步制作出来的原型放到使用场景中并尽可能地让真实用户来参与进来进行原型测试，从而收集用户对于设计方案的反馈，并对测试结果进行评估总结。

设计咨询公司 IDEO 的最为经典的设计思维流程也由五个阶段构成，即发现（discovery），解释（interpretation），构思（ideation），实验（experimentation）和进化（evolution）（图4.3）。如今 IDEO 已经将其更新为包括六个阶段的设计思维流程[97]，但这五阶段的经典流程上和 D.School 设计思维五阶段是一一对应的。其各自有阐释，但又分别有其侧重点。

发现（discovery），即遇到一个挑战，设计师要理解这个挑战，并做好准备应对。因此需要收集信息，并获得应对挑战的思路和灵感，这一阶段意味着要做好设计研究，深刻理解用户的需求和行为，从而为创意设计概念的提出奠定坚实基础。这一阶段对应于同理心思考阶段。

解释（interpretation），设计师要考虑该如何解释发现，并能将其转化为有意义的洞察和启发。通过解释，确定设计机会和设计方向。解释发现就意味着设计师要用最为有效的交流方式让团队内部或者其他利益相关者都能理解和信服，讲故事就成了实现解释发现最优化的方式。设计师需要将在前一阶段发现的材料内容进行整理和筛选，再将其浓缩成一个可以清楚阐释这个有意义的洞察的故事或叙事，通过故事的情景化设定以及特定人物的打造说明以此达到有效且高效的沟通效果。这一阶段同样对应于需求定义阶段的内容。

构思（ideation），基本就是各种设计想法，点子的产生。构思和 D.School 设计思维的创意构思是对应的，主要依靠头脑风暴等鼓励创意畅想的方法激发创新，碰撞思想火花。

实验阶段（experimentation），对应的是 D.School 设计思维中的原型制作和原型测试两个阶段。IDEO 的实验阶段是让设计想法实现并获得反馈的阶段，既强调设计师要思考如何构建并实现可行的某个/些想法，也注重对实验反馈的收集获取。实验这种叫法和我们设计中经常提到的试错或尝试有着异曲同工之处。一个好想法，好点子，好的设计概念从一步步产生到最终实现，这一过程未必一帆风顺。设计不再是线性的单一过程，而是需要通过实验来测试想法的合理性、可行性以及易用性、好用性等，并获取这些反馈从而实现设计的优化。这便是 IDEO 设计思维流程中的最后一个阶段。

进化（evolution），即设计迭代。设计过程以瀑布式方式展开。设计师进行迭代设计，优化设计方案并再次测试，核对上一次的问题反馈是否得到解决，思考下一次迭代如何继续优化方案。经过多轮的进化，设计方案就会被打磨得更加细腻和宜人，用户需求得到满足，使用体验也得到提升。

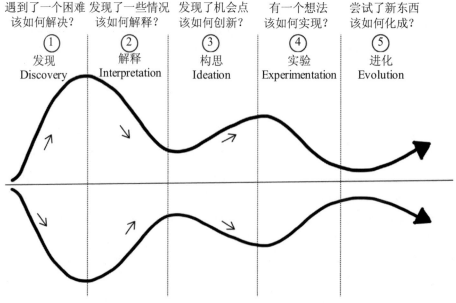

图 4.3 IDEO 经典设计思维流程

需要特别指出的是设计思维和创新设计思维并非完全相同的概念。设计思维是不仅是思维层面的创新，更是指导设计实践的方法论和工具。发现问题、解决问题是设计思维的核心。创新设计思维，重点强调创新。设计思维是实现设计创新的基础和支撑。因此创新设计思维是融合了设计思维、客观逻辑思维，以及主观感性探索的整合体。

4.2.2　设计思维工具

设计思维普遍被认为是一种思维模式。此外，设计思维还具有整合性和工具性等方面的特征[2]。设计思维的整合性凸显其对跨学科、跨领域的整合性以及对创新者能力横向和纵向的整合性，既要是 T 型人才（即用大写字母 T 表示其知识结构特点，T 的横线表示知识面的广度，T 的竖线表示其知识的深度。T 型人才即两者的结合，既有较深的专业知识，又有广博的知识面的人才）也要是横向融合的 π 型人才（即至少拥有两种专业技能，并能将多门知识融会贯通的高级复合型人才。π 的一横指的是将多门知识融会应用，下面的两条竖线指两种专业技能）。工具属性即把设计思维视为一种可以塑造思维形式的工具。工具之所以被发明和使用，是因为工具可以帮助人们实现任务的分解，简化和完成，可以拓展人的能力，促进设计实践，并能引导设计师找到解决方案[98]。无论是传统的纸和笔工具，还是现代专业的设计工具，例如 Photoshop, Illustrator 等，都在不同程度和不同方面辅助创新设计。设计师们也乐此不疲使用工具甚至开发各种新的工具来帮助他们进行思考、设计、交流以及反思等。因此，设计思维工具就是能让设计思维以简单化以及可视化的形式让设计师们理解和使用的工具。

设计思维工具其实可以看作一个大工具包或工具箱，包括了很多的工具。故事板是其中的之一，它主要应用在创意构思和原型阶段。故事板，顾名思义，就是用故事的分镜方式，以快速简洁的绘图来说明和设计相关的场景和情节，以此展现用户在特定的场景中是如何完成任务的[2, 34]。故事板是一种基于故事思维的、可视化的、快速低保真的原型制作和设计表现工具，能帮助设计团队描绘和说明其所设计的产品或服务。

故事思维在设计设计思维中的应用也不仅限于故事板这种形式。事实上无论是 D.School 设计思维五阶段，还是 IDEO 设计思维的五段流程，在前面两个步骤，即发现问题（同理心思考）和解释（需求定义）阶段，设计师通常都需要借助故事思维去和目标用户进行交流，收集用户痛点故事，体验用户的所思、所想、所为并与之共情，从而获取更多相关信息，达到深刻理解用户的痛点和问题，发掘用户需求的目的。

故事思维如今在设计思维中被广泛应用且效果明显，人们甚至认为设计即讲故事[5]，设计师就是故事讲述者[6]这些说法。这点在本书第 1 章中就已经明确阐述。

4.3　故事思维与设计思维的关系

如前述，故事板是设计思维的重要工具之一，也是故事思维的外化表现形式。思维是一种思考模式和处理问题的方式，是人类大脑的认知活动，因此需要借助文字、图形，以及声音等各种符号进行可视化呈现，才能为人所懂，为人所用。故事板可以构造足够的画面感和场景感，把脑海中的图画都表达出来，可以说是故事思维和设计思维的桥梁（图 4.4），是设计研究和实践中可以灵活运用故事思维的极好的工具。故事思维可以应用在设计的各个流程中。无论是 D.School 还是 IDEO 的设计思维流程中，都可以应用故事思维。设计师从探索定义，到构建原型以及验证等各个阶段，用故事思维辅助设计思维，用故事板为主要工具和形式，可以还原用户面貌和信息，构建人物原型 persona，构筑用户使用产品系统或服务的交互场景和整个用户旅程，描绘用户遇到的问题、困难和痛点，从而提炼出需求点、设计定位和方向。设计师带着故事思维去思考研究和设计实践，不仅可以收获都用户故事，和用户建立关联，更能构建支持设计概念的全新故事，实现做好设计、提升用户体验和设计质量的目的，也能让故事思维和设计思维的综合运用事半功倍。

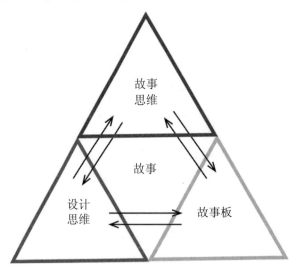

图 4.4　故事思维、设计思维与故事板

4.4 本章小结

本章首先对故事思维进行了解析，说明其重要性以及对设计的意义。接下来介绍了设计思维和代表性的设计思维流程模型。最后简单分析了故事思维和设计思维的关联性，指出了故事板对两者的意义。故事板是一个非常有用，实用且很容易学习和掌握的工具和表达方式，本书将在第6章做全面介绍。

第 5 章　设计中的故事应用

上一章中，我们介绍了故事思维和设计思维，说明了讲故事是设计思维必不可少的组成部分，是重要的设计思维工具。讲故事有助于设计师深刻理解用户的需求和问题，辅助表达说明设计概念和应用场景。本章将全面展开"讲故事，做设计"的内容。

5.1　故事和设计的关联

通过讲故事来做设计并非全新概念。设计学的研究先驱积极倡导"做设计即讲故事"[99]，已经吸引了无数设计师和设计研究者竞相效仿，并践行体验。

一方面，设计领域里的故事依然遵循经典的故事结构理论，例如 Freytag's pyramid 金字塔理论[70]和菲尔德范式 Field's Paradigm[72]。故事具有情节，故事情节的发展通常是这样的，故事的开始，介绍人物角色和背景；故事中段，矛盾冲突出现并不断发展和激化，直至故事结尾，揭示解决问题的行动及其结果[100]。

另一方面，一个经典的故事和一个设计概念有着众多相似之处。在以人为本的设计方法论中，如果把设计概念进行拆解，那就是设计要素（5W 和 1H）的组合，即一个设计概念就是能回答有关 5 个 W（who，when，where，what，why）和 1 个 H（how）的问题的解决方案。现有的故事创建理论中指出一个典型的故事是由一些必要故事元素所组成的，这些元素包括了故事人物、故事背景、矛盾冲突、人物的行为活动，以及解决方案等内容。图 5.1 所示说明了设计要素和故事要素的相关性[26]。例如，就 who 而言，在故事中，人物是核心，因为故事大多是角色驱动型[75]的，即故事情节是靠人物的行为动作来发展和推进的；在以人为本的设计中，用户就是设计的根本和核心，因为用户的感受及体验是设计价值的直接体现。故事中人物的行动是被其需求或欲望所驱使的，设计中亦然，用户都有自己的目标和需求，设计也正是为了满足这些需求而展开和推进。再如，就冲突问题这个点而言，在故事和设计中所指基本一致，即在故事中，冲突是主人公在其经历中所遇到的且必须要克服的障碍或难题；在设计中，设计问题也恰好是一个目标用户在其实现目标或满足需求的过程中所遇到的障碍或难题。

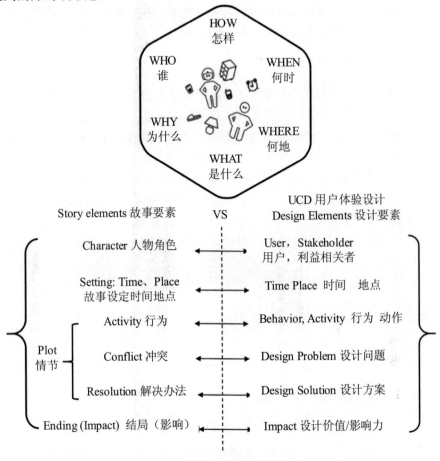

图 5.1　设计与故事的关系分析

由此可见，做设计和讲故事在元素构成方面具有很高的相似性，设计流程的推进如同故事情节的建构一般，某种程度上设计即讲故事。这也是为什么将讲故事越来越多地融入创新设计中的原因。这和前一章介绍的故事思维和设计思维也有着明显的一致性。

5.2　几个相关概念

综合国内外设计研究学者关于故事和戏剧、电影的相关理论研究的文献资料，梳理故事以及故事和设计的关系，故事是"基于时空的一系列事件"[43]，即故事人物在一定时空范围内经历的事件组合，情节就是这些事件的合理设定和组织。本节介绍在设计中讲故事常被提及的几个相关概念，例如场景、人物角色（persona）[34, 60]、设计小说（design fiction）[101]、情境故事法[27, 28]等。

5.2.1　场景（scenario）

本书第 2 章从故事的构成要素的角度已对场景做了介绍，本节对其做一些补充。在软件工程设计领域"基于场景的工程设计过程"[102]中，场景这一概念被用来阐释和系统相关的抽象信息。此外，场景大多被定义为和人以及人的行动相关的情境或故事[103]，例如场景是自然的，或人工构建的，以及想象情境下用户产品交互的描述[104]。场景是对一整套包括了用户、背景和用户需要或想要完成的任务的综合描述[105]。其中最具代表性的是罗森（Rosson）和卡罗尔（Carroll）就应用于软件开发设计中的四个场景的定义[106]：

（1）问题场景，事实上是用户研究或田野调查中分析阶段的一部分，用于说明研究结论的场景；

（2）行为场景，主要用于在设计中介绍设计想法和概念，以说明新设计的功能是如何满足使用要求的；

（3）设计信息场景，即可以明确描述任务的目标，能帮助用户感知产品功能，并将设计的新功能合理化的场景；

（4）交互设计场景，即具体说明用户如何和软件交互完成工作任务的场景。

5.2.2　人物角色（persona）

由于上述四个场景的定义对与人相关的内容的强调不够，因此在人机交互设计和用户体验设计中，场景也经常配合人物角色一起使用。这种基于人物角色的场景通常都会讲述这样一个故事：主要的人物角色有一个明确的问题或目标，通过在一个特定的场景中使用某个具体的产品或服务从而实现了目标，达到了目的[107, 108]。人物角色并不是特定的某个具体的人，而是根据行为和需求设定的集群，即用一个具有情感、行为和需求的人物角色形象以代表一类特定类型用户的参考模型[107, 108]，如图 5.2 所示。人物角色也被称为行为原型。同时，人物角色的设定如果真实感很强，例如赋予姓名、年龄、性别、家庭等方面内容，就更能表达特定用户群体的需求、愿望、习惯和文化背景等信息[109]。因此，理论上而言，人物角色和场景的结合是有助于创建一个合适的故事，用以描述和交流用户体验的[110]。

基本信息：

姓名：小米

年龄：22 岁

职业：记者

工作：新闻媒体

收入：8000

兴趣爱好：

旅游

音乐

剧本杀

看电影

个性：

勇于冒险

开朗活泼

喜欢运动

做事专注

需求痛点：

作息不规律

饮食不规律

无止境的忙

无暇谈恋爱

图 5.2　人物角色（persona）示例

5.2.3　情境故事法

　　情境故事法最早出现在 HCI（human-computer interaction）人机交设计中。在很大程度上的它是基于场景的概念，并融入了对人的考虑。艾伦库珀提出构建场景脚本，并以此建立场景设计的故事模板，这其实就是情境故事法。近年来，情境故事法已经被应用到软件开发、网络端产品设计以及旅游服务设计等领域中。情境故事法在我国台湾地区较早得到应用，其中，获得 1993 年台湾精品奖的金质奖的宏碁电脑视讯会议产品万事通 Acer PAC 就是情境故事法应用的成功案例。情境故事法的提出是基于"情境行动"的观点[111]，即行为是在人具体情境中所作出的行为，和情境以及文化内涵直接相关。如图 5.3 所示，物（产品，系统和服务）是在特定情境下被人设计出来的，也在特定情境下被用户使用。情境故事法是以人为中心的，基于设计者的想象所构建出来的故事，让情境去刺激设计者的设计创意，在情境中对用户行为以及情感进行模拟和理解，从而能讲述一个产品故事，设计出能打动人心的产品。

　　情境故事法的优势在于可以自然融入情感要素和场景，帮助设计师想象一个故事人物在某种具体状况下的活动和情感。但情境故事法也有一定局限性，即所建构出来的故事是对未来可能性的预测，基于设计师的个人理解和想象，缺乏足够的现实参考和实际数据支持。

学者林荣泰将情境故事法的应用划分为四个阶段，即情境发展阶段（即设定情境）、情境交流阶段（即述说一个故事）、产品发展阶段（编写剧本，构建一个产品的故事）和产品设计阶段（进行产品的设计）。四个阶段又被分为六个步骤，包括（1）筛选用户情境样本；（2）拟定情境背景中的角色，时间，地点和事件；（3）情境影像的搜集，对样本做评估；（4）整理用户的叙述，对需求进行归类分析和评估；（5）绘制情境意象；（6）情境模拟，开启创意设计[112]。同时，他还探讨了在产品设计中情境故事法的应用。Verplank 等人[113]将情境故事法的应用流程划分为观察（展示人和产品的互动，了解用户真正需求）、角色设定（对情景角色进行不同可能性的考虑并进行设定）、情境故事（发展情景故事的细节，描述人的行为以及人和产品交互的细节）、创造（让产品的功能结合合理，使其能有效组织引导用户的认知和操作）四个阶段。

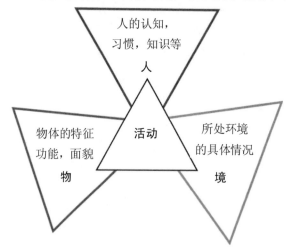

图 5.3 基于人-物-环境的情境构建

5.2.4 设计小说

设计小说这个名称，是英语 design fiction 直译过来的，就是设计（中的）故事的意思。近年来，人机交互设计领域，设计小说这种方式广受欢迎。具体而言，它就是一种利用小说或虚构的场景去探索设计要求的故事方式[101]。被称为小说也好，故事也罢，其实就是用一个故事来描绘未来新技术的应用和传播交流。事实上，无论是未来的未知世界还是当前的现实生活中，科学技术和社会发展都离不开人和人的行为活动以及特定的场景。因此设计小说本质上就是人们用故事来探索和描绘未来的设计方法和工具。这和当下热门的未来设计、元宇宙等概念有很多的关联性。本书将在后面相关章节做介绍。

5.3　设计中故事应用的文献总结

如今，讲故事在创新设计领域早已司空见惯。大量的设计相关文献和行业实践都在强调通过讲故事来做设计。总结文献和行业经验，不难发现，讲故事做设计之所以盛行，原因主要有两方面：一方面，设计和讲故事有很多相似性，例如二者都是以特定场景为背景，都注重对复杂混乱信息的组织和架构[4]；另一方面，随着工业设计的重心从设计产品转向设计体验[114]，体验层面的内容，例如情绪、动机、欲望、需求等都变得非常重要，这些体验相关内容通常因为太过抽象而难以被阐述清楚。故事由具体的情节展开叙事，通过塑造栩栩如生的人物形象，描述丰富的背景场景，详细介绍人物行为活动等，让故事情节前后连贯、条理清晰、因果逻辑明确、具体易懂。因此，讲故事是一种通用语言（common language），被视为是在设计实践中支持设计师讨论与人相关因素的最具前景且最有优势的方式。

本书基于作者长期对通过讲故事做设计的研究，对全网数据库进行文献检索和筛选，将相关文献进行梳理、归类和总结如下。

首先，整理了 1996—2022 年的文献，并将其分为三大类：第一类文献，侧重强调讲故事对设计的价值和好处；第二类文献，重在强调将讲故事引入并融入设计实践；第三类文献，主要是介绍为支持讲故事而做的设计，即支持实现讲故事的工具方法的设计开发。对这三大类的文献的详细介绍如下。

第一类文献强调讲故事对设计的价值和好处。早在 1996 年，艾瑞克（Erick）就指出讲故事具备强大力量，是一种交流催化剂，因此应将其作为一种可以激发设计师和用户对话的重要因素在整个设计流程中被引入和应用[5]。彼得罗维（Peter Llyod）等人明确了讲故事在设计过程中的重要角色，它是一种通用的交流语言，有利于设计团队内部的沟通交流[19]。此外，研究者也认定了讲故事是设计师需要具备的一种重要的设计技能，因此设计技能的培养发展过程中需要对讲故事给予重视[20]。关于讲故事在设计中的价值，文献中还有其他很多陈述，例如讲故事是设计思维的重要组成部分和工具之一[116]，讲故事能保障设计流程顺利推进以及设计产出的质量，它是整个设计取得成功的关键因素[116]，讲故事能启发设计思路[116]，有助于分享设计观点[18]，可以激发同理心[117]，帮助设计师深刻理解用户，以及讲故事让设计变得更加人性化[4]等。

第二类文献集中关注如何将讲故事融入不同设计领域中以便更好地支持创新设计。

讲故事被认为是交互设计[17，23]，计算机协同设计（CSCW—computer supported cooperative work）[15]，用户体验设计[73]等多个设计领域中非常重要的设计工具和交流方式。讲故事有助于理解和展示体验主观层面的内容[22]，能提升设计概念的质量[73]。同时，讲故事是做好服务设计的有效工具[16]，尤其是在提升服务设计中用户体验方面具有重要意义。

第三类文献用设计开发支持讲故事。设计中的故事，可以根据应用的目的和设计阶段被细分为用户故事、设计概念故事、产品使用故事[118]、设计汇报故事等，也可以根据故事的真实与否分为设计原创故事（例如品牌故事，设计师故事）、真实用户故事、设计师自己编撰的故事等不同类型。因此，文献中的第三类专门介绍为支持不同的设计故事类型和用途而做的设计方法和工具的开发。例如，StoryPly[59]是本书作者在攻读博士期间所在研究团队开发的一款故事工具，旨在用具体的工具来建构故事以实现支持用户体验设计师在设计初期分析和讨论用户体验和设计概念价值。还有一款名为 UserX[119]的故事模板就是为支持收集可用性要求的故事建构而专门设计的一款工具。其他方法工具例如故事探究法（fictional inquiry method）[120]、快速卡片技术（instant card technique）[121]，以及故事小组工具（storytelling group）[122]等都是运用讲故事的方式，让用户参与到设计中来，并为未来的设计实践激发设计想法的工具。

综上所述，大部分的文献，尤其是第一类和第二类文献，更倾向于研究讲故事在设计中的角色和作用。文献研究结果也说明现有文献相对缺乏设计从业者们对讲故事做设计的具体实践的实证研究。理论上，故事对设计的价值已经被多次强调说明，但到底在实践中应用的情况如何仍然相对缺乏。同时，研究者也指出在没有任何方法论指导下要建构一个内容清晰连贯、逻辑合理，且符合设计导向的好故事并非易事。因此他们建议展开对相关方法和工具以及指导指南的研究[60]。表 5.1 所列为故事对于设计的价值。

表 5.1　故事对于设计的价值文献梳理和代表性主张

年代 Year	主张 Claims	文章 Paper	研究者 Researcher
1993	Stories in Participatory work may be used as triggers for conversation, analysis or feedback. 故事法在参与式设计中被用作激发设计师和参与设计的用户之间展开对话和内容分析或获得反馈	*Participatory design*	Muller M. J. Kuhn S.

年代 Year	主张 Claims	文章 Paper	研究者 Researcher
1996	Stories reveal a user's eye view of the landscape and provide an extremely effective way for getting people both designers and users involved and talking with one another. 故事展示了基于用户视角的相关内容，并为设计师和用户都能参与进来并相互交谈提供了一种极其有效的方式	*Design as storytelling*	Thomas Erickson
2000	Stories are particularly valuable for conveying the benefits. 故事在传递利益上尤为有用	*Stories and storytelling in the design of interactive systems*	Dan Gruen
2000	Stories convey functionality of a proposed solution product or service. 故事可以传递产品或服务的功能	*Stories and storytelling in the design of interactive systems*	Dan Gruen
2000	Stories serve as a common language, valuable for conveying the benefits of collaborative systems. 故事是一种通用语言，有利于传达协作系统的优势	*Beyond scenarios: the role of storytelling in CSCW design*	Dan Gruen
2000	Storytelling introduces a narrative element into designing, a description of related events which link people over time. 讲故事将叙事元素引入设计，即随着时间推移，将人们联系在一起的相关事件进行描述	*Storytelling and the development of discourse in the engineering design process*	Peter Lloyd
2002	Stories are useful in all phases of a software development project. 故事在软件开发的各个阶段都非常实用	*The use of stories in user experience design*	Gruen D. Rauch T. Redpath S. Ruettinger S.

年代 Year	主张 Claims	文章 Paper	研究者 Researcher
2004	Storytelling is a critical success factor in design processes and outcomes. 讲故事是设计流程得以顺利推进，确保设计产出的关键成功要素	*Storytelling as a critical success factor in design processes and outcomes*	Craig A. DeLarge
2006	Design stories are a communication tool that makes a design sufficiently tangible to allow judgement by others and provide guidance for the development team. 设计故事是一种沟通工具，它让设计变得足够有形可见，以便他人做出判断，并为开发团队提供指导	*Design as storytelling*	Patrick Parrish
2007	Storytelling can be a useful tool to establish an unbiased communication with user, since it allows professional to design not only focusing on concrete characteristics of products, but also on emotional aspects which can be difficult to obtain through a direct dialogue. 讲故事是一种有用的工具，它让设计师不仅专注于产品的具体特征，还关注难以通过直接对话获得的情感方面的内容，进而实现设计师和用户展开无偏见的沟通	*Storytelling and repetitive narratives for design empathy: case Suomenlinna*	Fritsch J. Judice A. Soini K. Tretten P.
2008	Storytelling is part of the process and solution in designing and presenting（or prototyping）interactive systems. 讲故事是设计和汇报交互系统（或原型设计）的过程和解决方案的一部分	*Prototyping services with storytelling*	Bill Moggride

年代 Year	主张 Claims	文章 Paper	研究者 Researcher
2010	Storytelling approach can be applied during the whole design process to improve the quality of the developed concepts regarding UX, as well as to support designers in exploring and communicating their new concept idea. 讲故事可以被应用在整个设计过程中，以提高设计概念在用户体验方面的质量，并支持设计师探索和交流他们的新概念想法	*Storytelling for user experience design*	Quesenbery W. Brooks K.
2011	Stories put ideas into context and give them meaning, and are essential to design thinking. 故事将创意想法放到具体的场景中进行介绍，并赋予它们意义，对设计思维至关重要	*Change by design*	Tim Brown Barry Katz
2011	Stories have the advantage of working in time. 故事对于说明时间具有优势	*Change by design*	Tim Brown Barry Katz
2015	Storytelling during a presentation is an excellent way to sell design ideas. 在汇报中讲故事是售卖设计创意的极好方式	*Once upon a time: storytelling in the design process*	Hunsucker A. J. Siegel M. A.
2017	Storytelling can significantly influence the impact on its audience when it is applied to pitching design concepts. 当用讲故事来汇报、推销设计概念时，它可以明显地对观众产生影响	*Stimulating thinking at the design pitch.*	David Parkinson Laura Warwick

5.4　本　章　小　结

　　本章重点对设计领域中涉及的故事和故事方法及其应用的相关文献进行全面的调研和梳理，并对文献进行分类和总结。从文献研究的情况来看，当前的设计领域对故事方法的重视度越来越高，故事法的应用和相关研究的数量也在不断增加。大部分文献虽然重在强调故事方法的价值和好处，但是对于设计中的故事应用的实证研究也开始得到了研究者们的关注，相信可以很快填补这方面研究的空缺。文献的研究有助于让我们对故事法在创新设计中的应用有更加深刻和全面的了解。后续的章节将分别对不同设计领域中如何通过讲故事做设计进行探索。

第6章 故 事 板

6.1　故事板是什么

　　故事板是将故事进行视觉表现的工具[123]，一般是一系列的草图、照片、图片，也可以是动画[124]，经常还配有文字、声音等说明部分。故事板起源于电影行业中的故事脚本，早在迪尼斯初期作品中已经大量应用，当时是用一帧帧的镜头画面呈现故事的内容[125]。创新设计领域中的故事板是设计故事的视觉表达，但它不仅是场景和人物角色（scenario-persona）的组合，也不是一堆堆图片资料的简单堆砌。因为有用户故事、产品概念故事等设计相关的故事情节的内在逻辑支撑，使用故事板的目的是要促进设计团队对内对外的沟通交流，让大家通过故事的视觉表达来理解设计想法和概念，探讨设计方案在情境中的可能性、可行性、合理性等问题。因此故事板不单是一种视觉思维工具，更是设计思维和故事思维中将故事做可视化表达的重要工具。故事板有助于同时调动大脑感性移情和理性思考的功能，多层面、多层次地处理信息，让整个大脑都能参与灵感激发和创作的过程[126]。通常故事板由一系列的画面组成，用来说明一个故事，每个画面是什么具体的内容，以及画面数量多少可由设计师根据需要自行决定。

6.2　故事板何时用，怎么用

　　故事板是故事的外化表现，那么故事板什么时候用？怎么用？IBM 的设计师们认为，一旦你知道了问题所在以及为谁而设计，故事板就可以被用起来了。故事板可以用在任何需要交流想法的时候。以 IDEO 以人为中心的设计流程（见第 4 章图 4.3）为例，故事板可以应用在设计流程的不同阶段。

6.2.1　发现阶段

在发现阶段，可用故事板进行内容总结，并解释说明现有的用户故事是什么情况，发现了什么问题和痛点。故事板还可以用于设计团队内部交流说明用户情感方面的细节，设计面临的是什么样的挑战。故事板中每个画面的信息可以清楚地说明具体问题，以大家能看懂、可以交流为标准。例如，要表现用户想使用一个 APP 产品，但打不开主页面这样一个使用问题，需要把人物的动作和界面信息在故事板里展现出来。其他可用于说明人物情感的内容，例如面部表情以及对话或自白等内容也可以在故事板里适当地表现，以便更好地说明到底是一个什么样的用户故事，用户遇到的问题和麻烦具体是什么。图 6.1 所示为一个发现阶段故事板案例。发现阶段的故事板绘制无须讲究太多的绘画技巧和表现效果，以快速表达和信息传递为主。

图 6.1　发现阶段的故事板

6.2.2　设计概念阶段

在设计概念阶段，故事板用于展现用户如何使用一个产品/服务的细节。因此，这个阶段的故事板主要是介绍产品/服务的具体使用场景和人物的行为动作，需要表达的是人机交互界面的细节以及产品的功能信息。例如图 6.2 所示是用户生病在家，依靠移动端应用点外卖的使用场景故事板，主要表现的就是用户以及利益相关人在哪些代表性场景下如何使用这个产品或交互界面的场景内容。有时候这个阶段的故事板甚至不需要将人物角色完整呈现，而主要表现产品或服务的界面信息以及人机交互细节即可。在交互设计和用户体验设计中会把这个阶段的故事板称为产品交互场景故事板。

图 6.2　交互场景故事板（图片设计：何欣益）

6.2.3 执行和评估阶段

故事板在执行和评估阶段，以及最后的设计汇报阶段同样可以使用。这个时候的故事板需要根据目的进行内容和画面数量的调整。例如，设计汇报用的故事板需要把整个设计是什么、有什么功能、为什么要做这个设计，包括用户的需求和问题故事、产品使用场景、用户的使用情况、用户情感体验等多方面的内容融合到一个故事里，才能把整个设计介绍清楚，让人明白其价值。如图6.3 所示是一个相对完整的设计故事，它也是可以用于汇报设计概念（方案）的故事板。

图6.3　汇报用的故事板范例（图片设计：何欣益）

6.3　如何制作故事板

制作故事板，无外乎就是手绘和用图片两大类，或是用其组合。故事板也因此可以分为绘图类（sketch-based）故事板和图片类（picture-based）故事板[25]。图 6.4、图 6.5 分别展示了两种风格的故事板样例。绘图类故事板，顾名思义，即使用纸笔或数字绘图工具，例如移动端的应用 Procreate 等工具，以手绘的方式完成故事画面的设计制作。制作绘图类故事板一般需要具有较好的手绘表达能力。这类故事板最早来自电影动画行业且一直被沿用至今。在如今的各种创新设计中也被大量使用，依靠手绘故事板，能快速准确地表达设计想法和共享交流。图片类故事板，可以通过将一系列相关图片进行前后排序关联，组建一个可以表达故事信息的故事板。这类故事板对图片内容的一致性要求较高，因此也有人专门拍摄照片，然后用其进行故事板的创建。另外将手绘草图和图片结合起来也可以制作故事板。这种方式的故事板需要在表达风格上尽可能统一才能达到故事板对故事视觉讲述的良好效果。

图 6.4　手绘式故事板样例（图片设计：李易）

不管用哪种方式来制作故事板，必须先有一个与之匹配的故事。通常，在用户体验设计、交互设计和服务设计中的故事板的制作会分为以下三个步骤。

第一步是考虑这个故事板是要在哪个设计阶段做什么用。明确故事板是要表现一个产品设计概念以及它与用户的交互场景，还是要说明用户需求和痛点问题的故事板，或者其他目的。然后根据特定的目的创建故事脚本内容，即我们常说的编故事。故事的脚本没有明确要求，设计者可以根据自己的情况进行文字编写。

图 6.5　图片式故事板样例

　　第二步可以根据故事脚本信息规划安排故事板的画面内容，确定需要多少个画面，每个画面是什么内容。通常会用小方格配文字的形式来规划故事板的画面内容，如图 6.6 所示。

　　最后一步就是进行故事板的具体设计和制作。便利贴也可以用来做故事板各个页面内容的安排和草图表达，如图 6.7 所示。

　　对于非设计背景或缺乏手绘经验的设计者来说，想要制作草图类的故事板还可以利用实物拍摄，然后将其加工成故事板，如图 6.8 所示。或者利用其他故事板工具作为辅助。

图 6.6　故事板制作示例 1

小米和小鹏周日休闲在家
用电脑搜索云哪里吃饭

小米手上有一张卡可用于
外出就餐娱乐等服务的支付

用这个卡可以很方便地在
网上搜索到最佳选择推荐

他们决定出去吃披萨
通过这个卡进行线上预订

选定以后提交订单

通过这个还可以接受到外
出就餐的交通等信息

图 6.7　用便利贴制作故事板的示例 2

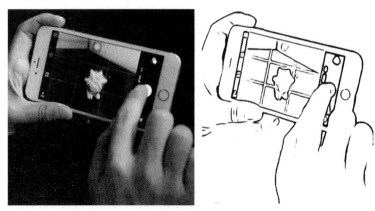

图 6.8 故事板制作示例 3

6.4 故事板工具

虽然故事板有多个优点，对于创新设计有很大的促进作用，但是对于新手而言，尤其是对于非设计专业出身的用户体验设计从业者而言，由于缺乏故事板的相关知识和实践训练，制作故事板仍然有一定难度。如前述，故事板不是场景和人物角色的简单组合，还需要描绘人物的情感、行为、与产品系统交互时的反应状况等细节内容。故事板的完整设计和制作同样是一个需要理论知识和大量实战练习相结合的、需要花费时间精力的复杂过程。此外，故事板的制作涉及镜头表现技巧[25]，例如远景、中景、近景和特写镜头，以及绘图技法等，想要在几分钟之内完成一套能清晰说明设计概念及其影响效果的故事板绝对是一个巨大的挑战。这个时候，合适的故事板工具又成了有力法器，非常必要且有用、好用。

故事板由来已久，大量的文献资料中也有越来越多的介绍，有各种形式的用于支持故事板实现的工具。从媒介的存在方式来分类的话，故事板工具主要分为两大类：一类是传统的纸笔，这些是最为常见的工具，也是大多数有设计背景的和有手绘功底的从业者们日常绘制故事板草图的工具；另一类是数字化的故事板工具，包括一些专业的软件工具和在线平台，以及移动端应用等。专业类的故事板软件工具，例如 Storyboard Pro，Storyboarder and ToonBoom Storyboard Pro 等都是专业故事板设计师用于影视剧以及动漫故事板的工具。这些工具价格昂贵，专业性强，有一定的硬件设备要求，事实上，在设计过程中的应用并不多。代表性的在线故事板平台工具有 StoryboardThat，移动端应用有

Procreate，Pixton 等。设计行业常用的设计工具例如 Photoshop，Illustrator，Coreldraw，以及 PowerPoint，Keynote 都可以用于故事板的制作。按故事板的制作方式，故事板工具也可以被分类为绘图类故事板工具如 Procreate，以及图片类故事板工具，例如 StoryboardThat 和 SAP Scene。图 6.9 所示为常见的故事板工具。

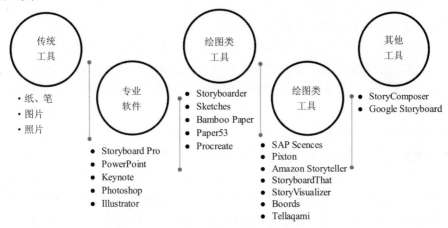

图 6.9　常见的故事板工具分类

值得一提的是知名软件公司 SAP 对设计中的讲故事专门开发了一套工具。该套工具是包括了一些典型人物形象和场景环境等内容的纸面工具。设计团队内部可以依据具体的设计项目内容使用这套工具来创建故事。通过对故事的初步编写和讨论，进一步做正式故事板的电子稿设计，从而对设计相关的故事做更加清晰和详细的描述和介绍。SAP 设计团队也依靠这套工具完成了多个设计项目，取得了良好反馈。

相关文献也从不同角度介绍了故事板及其工具，例如 Salim 等人[127]从在线教育的视角分析了 24 款故事板相关的工具、框架和概念，指出故事板工具应该具备的一些特征；Truong 等人[123]从故事板的特征以及画面构成要素的角度提出了成功设计制作故事板的指导指南。还有从工具的界面设计特征来谈论故事板工具的，例如支持草图绘制的故事板工具 Silk[128]和 EmoG[129]，以及支持交互场景的故事板工具 DENIM[130]。在 AR、VR 技术开始流行以后，故事板工具也随之升级，例如 AR Storyboard tool[131] 可以有效支持场景创建和镜头移动控制。事实上，不论是文献还是设计实践中，对故事板工具并没有明确的统一定义，但凡是能支持实现故事板，无论是以绘制草图为主的故事板还是以使用图片为主来创建的故事板，这样的工具都可以被纳入故事板工具的范围内。

6.5　未来故事板工具的趋势特征

　　故事板是设计思维的重要工具之一，对用户体验设计、交互设计、服务设计等以人为本的设计领域的研究和设计实践都有着非常重要的促进作用，因此设计团队在设计流程中对内对外的沟通交流中越来越重视应用故事板。同时，由于如今这些设计领域越来越包容，吸引了大量非设计背景的从业者的加入。因此，好的故事板工具对整个设计的推进和产出都会有积极影响。为此，本书深入展开故事板工具的研究，首先使用了问卷法[34]、观察法[34]和访谈法[34]对从事用户体验设计、交互设计、服务设计的设计实践者们正在使用的故事板工具进行了全面了解。通过回收来自中国、荷兰、美国等几个国家的设计师反馈的60 份有效问卷，对其进行数据分析，整理结果（图 6.10 和图 6.11），筛选出了4 款故事板工具，之后通过故事板竞赛的形式展开了用户测试[34]，收集到用户们对这几款故事板工具的使用意见反馈，并进行了聚类分析（图 6.12），从而对未来故事板工具的特征进行趋势预测（图 6.13），以便为今后的工具设计提供参考。

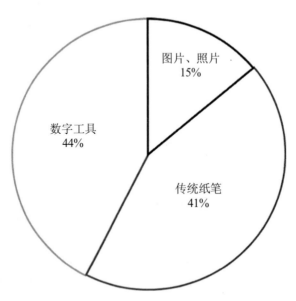

图 6.10　问卷收集数据中的故事板工具类型比例

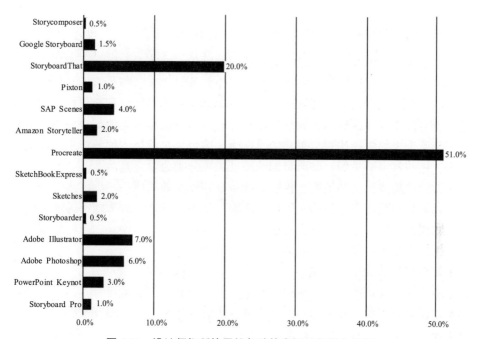

图 6.11　设计师们所使用的各种故事板工具所占比例

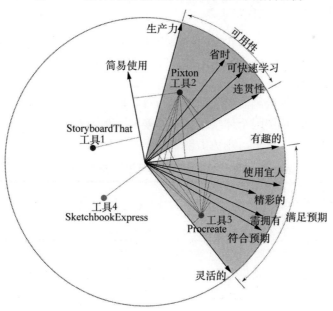

图 6.12　四款工具特点的聚类分析

1. 设计趋势一，功能分类优化，支持故事板工具的定制化设计

如前述，故事板工具可以分为以草图绘制为主的工具和以使用图片为主的工具两大类，也可以使用二者的组合。无论何种方式来制作故事板，将常用设计工具，例如 Photoshop，Illustrator 和 PowerPoint 等的优点和通用性将故事板进行整合是设计师的日常设计活动和设计行为，以便尽可能地减少使用一个全新工具所带来的各种认知负担和学习压力，简言之，就是方便熟能生巧，快速上手。这些常用工具的一些典型功能特征大体分类为以下几类。

①绘图功能，包括笔刷、色彩、线条、橡皮擦等功能；

②编辑功能，例如移动、添加、删除、旋转、插入、放大缩小等；

③图片导出，导入、分享功能，例如在线聊天、邀请模式、及时信息等；

④协作功能，例如分享、共同绘制、上传下载等；

⑤组织管理功能，例如预览、归档、新建文件夹等。

基于这样的功能分类，可以结合故事板工具必需的功能进行二次分类和优化，以便让使用者在熟悉的界面和工具分类的场景下尽快熟悉并熟练使用故事板工具。

2. 设计趋势二，整合性工具

以草图绘制为主的工具和以图片使用为主的工具各有优势，见表 6.1 所列。以草图绘制为主的工具使用灵活，设计师可以随意发挥，快速绘制画面。在画图中，创意被不断地激发和表达，故事板在边画图边创意的过程中得以完成。但不足之处在于草图绘制需要绘画技能，对非设计专业出身的设计从业者不够友好。另外，绘制草图因个体绘画技能的差异而有较为明显的个人特征，画面的质量也无法做统一要求，难免出现表达不当和欠妥之处。

表 6.1　绘图类故事板和图片类故事版的优劣比较

分类	优点	不足
绘图类故事板	自由、灵活	需要手绘技能
	容易控制	故事板质量参差不齐
	快速、便捷	个人风格性强
	启发式的	因风格和质量问题，不容易看懂
图片类故事板	质量好	好事
	容易使用	支持细节上功能有限
	无须手绘技能	风格统一
	可自由选择图片资料	须提前学习如何使用该工具

而以图片使用为主的故事板工具通常使用现有的图片、图标等资源，因而具有相对较好的作品质量。这类工具的操作一般较为简单，常用的拖拽编辑功能即可实现，不需要手绘画面，可随意使用提供的图片资料进行故事板的制作。当然这类工具也有明显的缺点，即通常需要花费较多的时间去完成一副故事板，而且需要提前学习或熟悉如何使用故事板工具。故事板的设计制作受限于工具所提供的图片的数量和图片的具体的细节信息，因而经常会遇到找不到你想要的那张图的尴尬。

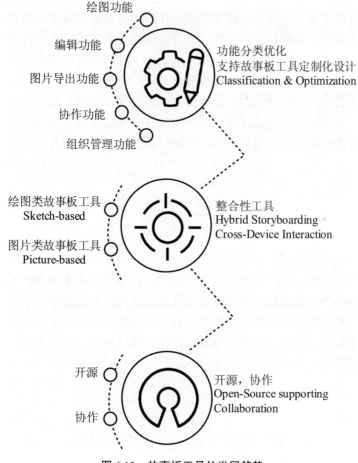

图 6.13　故事板工具的发展趋势

　　两类工具各有优劣，如能将其各自的优势进行整合，让其既能支持手绘故事板，又能实现图片的编辑使用，不仅能实现功能上的优化，也能适应不用背景不同技能的设计从业者对故事板工具的需求。这样的工具也符合了被称为复合式草图设计的趋势，具有良好的工具兼容性。同时，如能利用技术实现跨设备跨平台的整合，即数字端和传统媒体端的融合，数字端实现电脑和移动端的联通，线上线下同步，以及电子白板、增强现实、多点触屏等技术对于故事板工具的支持，从而实现故事板内容的创作和呈现方式的多元化和灵活性。

3. 设计趋势三，开源和协作

互联网时代，很多资源都被放到了网上云端供大家共享，从而促进了开源、众筹、协同共创等概念的产生。结合前面的趋势二，故事板工具一旦能实现跨设备跨平台的联通，也将必然向开源和协作的、具有整合性平台的趋势发展。这对于设计新手、手绘功底不够强，以及非设计专业背景的设计从业者来说，即便自己不会或不能手绘故事板，也可以通过工具和平台寻找合适的资料来制作故事板。同时，那些擅长手绘故事的设计师们也可以把一些手绘稿或设计素材放到网上共享，让同行们在有需要的时候可以选择使用，实现跨越时空的协作。此外，开源和协作还可以实现跨区域的实时互动和同步共创，让设计团队内部和外部都有机会参与故事板的制作和讨论共创中，从而有助于提升整个设计质量。

6.6　本章小结

本章就故事板是什么，设计中什么时候用，如何用故事板，以及如何制作故事板进行了介绍。同时还介绍了故事板工具并总结了未来故事板工具的发展趋势，以便为今后故事板工具的开发设计提供参考。正所谓磨刀不误砍柴工，好的工具会让工作事半功倍，也能弥补新手在技能上的欠缺。后续章节将陆续介绍以故事板为主要形式的讲故事方法在用户体验设计、交互设计、服务设计等领域的应用。

第 7 章　讲故事，做用户体验设计和交互设计

故事之于设计的好处和价值，在第 5 章的文献回顾总结中已经显而易见。从本章开始，将陆续介绍讲故事法在创新设计相关领域的实践应用，即如何讲故事做设计。本章重点介绍讲故事做用户体验设计和交互设计。

7.1　体验和用户体验

自《体验经济》[132]一书问世以来，体验一词，伴随着体验经济以及体验设计等概念，已经被越来越多的人理解和接受，甚至推崇。很多行业，包括广告营销、品牌设立和宣传、设计、教育、医疗以及大部分的服务行业都越来越关注用户体验问题，也投入了人力、物力、财力，旨在提升用户体验。那么用户体验到底何指呢？用户体验设计和故事是什么关系？

体验的中文字面意思是亲身经历，实地领会，又指通过亲身实践所获得的经验。体验经济中对体验的定义是指一个人达到情绪、体力、精神的某一特定水平时，意识中产生的一种美好感觉[132]。可以说体验是我们通过感官和外界接触而获得的心理感觉，以及其在大脑中存留的印象。这些感受和印象进而形成一种对周遭事物的认知和评判。用户体验的概念侧重从用户的角度来定义体验。美国认知心理学家唐纳德·诺曼（Donald Arthur Norman）提出用户体验（user experience）是一个人使用一个特定产品、系统或服务时的行为、情绪和态度，并强调以用户为中心思考人机互动[133]。ISO 的用户体验定义是用户在使用或参与产品、系统、服务时所产生的感受与反应，它包含用户的情绪、信仰、偏好、生理与心理的反应、行为及相关影响（ISO 9241-210）[134]。

体验设计的概念从小了说可以专指用户体验设计，外延扩大的话，也可以包括品牌体验设计、感官体验设计、情感体验设计、行为体验设计等。体验设计的目标是在产品设计和交互设计以及服务设计中融入更多的人性化思考，关注人的行为和认知，以及整体的体验感受。整体的体验不仅是用户和产品或服务的交互中，即用户使用产品或服务过程中的体验，而且涵盖了交互前和交互后的用户体验感受。

体验和人相关，因此体验设计和以人为本的设计领域，涵盖了产品设计、

交互设计、用户体验设计以及服务设计交叉相融。可以说，对于用户体验的考虑如今已被默认纳入了这些设计实践中，是设计师们应该且必须要考虑的重要内容。而这几个设计概念在实践中常被交替使用，它们的侧重点不同。同时，讲故事能激发同理心代入，促进情感体验，与体验感受直接相关。因此讲故事必定会融入体验设计以及以人为本的设计中，通过讲故事做好设计。

7.2 用户体验设计和讲故事

用户体验设计是唐纳德·诺曼基于他对日常用品设计的兴趣而提出的。他认为"人机界面和可用性太过狭隘，因此需要一个涵盖一个人对系统的所有操作包括工业设计、图形、界面、物理交互，还有手册"[133]。用户体验设计是体验设计的一个分支，是以产品或服务的用户为中心，用设计赋予用户在使用产品或服务的过程中的美好体验，例如方便用户使用某个产品、支持用户快速查找信息等都是用户体验设计可以实现的。同时，用户体验的外延也在扩大，不仅关注使用过程中，也越来越关注人和产品以及服务的整个接触和交互过程中的体验和情绪，即让用户感受产品使用前、中、后的全程优质体验。

从定义来看，用户体验涉及个人心理感受，具有主观性、个体差异性、变动性、复杂性、不确定性等特征，因而个体的用户体验不容易被清楚地描述出来，也无法被完整地模拟再现。而故事之于用户体验设计，最关键的就是故事随时间的推移发展情节内容，其中的细节信息有助于赋予产品或服务更多人性化方面的内容[135]。因此，许多体验设计的从业者在他们的设计实践中都会无意识地想到故事并应用故事。不少研究者都认为故事是理解用户体验的关键。其中，马克·哈森扎尔（Marc Hassenzahl）指出用户体验是个体主观的，基于场景的且随时间动态变化的[136]，同时他还指出体验其实就是故事[1]，而故事恰好就是我们人类历来都很珍视且最愿意与他人分享交流的东西。如此，用故事来定义体验，以明确且直白的方式说明了故事和用户体验的关系，用包含丰富的人物和场景的信息以及故事情节来说明体验。图 7.1 所示为马克·哈森扎尔的用户体验定义与讲故事及未来设计的关系。

格莱布斯（Glebas）认为故事可以以逻辑无法实现的效果说服他人[75]，这大概也是有那么多的书籍、戏剧和影视剧会如此吸引人的原因所在吧。昆斯伯里（Quesenbery）和布鲁斯克（Brooks）建议把故事作为用户体验设计的媒介，因为故事有助于把产品的设计想法和未来要用这些产品的用户关联起来[73]。格鲁恩（Gruen）等人倡议用讲故事来做户体验设计[14]。麦卡锡（McCarthy）和莱特（Wright）强调讲故事有助于理解体验方式[138]。科尔·霍宁（H.Korhonen）

等人把讲故事当作一种行之有效的可以获得对目标用户体验的整体认识的方式[139]。故事可以传递非常丰富的信息，因为故事对人物角色以及背景场景做细节描绘，在这样的细节说明中产品或服务所承载的功能和价值就可以被清楚地展示和证明，也容易让人充分理解和认可其价值。总之，讲故事是一种被大众认可的，可以分享和交流情感和体验的良好方式。可见，用讲故事的方式做用户体验设计，有着强大的理论依据。

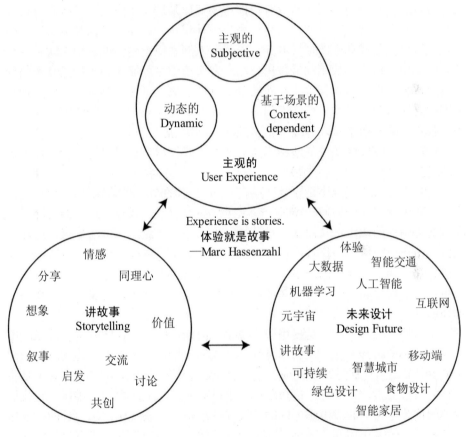

图 7.1　马克·哈森扎尔的用户体验定义和讲故事及未来设计的关系

　　用户体验设计是为提升用户对产品、系统或服务的正面体验感受（例如用户满意或愉悦）而做的设计[140]。用户体验促使设计师关注设计概念对用户情感的影响。讲故事又是有助于设计师产生共情深刻理解用户的需求和痛点问题的方法，那么该如何通过讲故事来做用户体验设计呢？以以人为本的设计流程为参考，讲故事主要被应用在两个阶段，即用户研究阶段和用户体验设计展开阶段。

7.3　体验设计不同阶段的讲故事

7.3.1　在用户研究阶段讲故事

在以人为本的设计理念指导下，用户研究是做好用户体验设计的保障，为设计提供思路和方向。用户研究阶段的主要工作是进行用户需求挖掘和分析及确认，常整合多种研究方法，对目标用户进行观察、访谈、做问卷调查等。用户观察多以参与式观察的形式展开，以便深入洞悉用户的情况。用户访谈，一般是收集用户信息和故事的最常用方法。在实施中尽可能选择正确的真实的受访用户，将访谈问题和开放式问题结合，以便收集尽可能多的信息。问卷调查适合应用在人数较多的场合，但问卷上的问题是提前规划安排好的固定问题，无法收集到除问题本身之外更加丰富且深入的信息[34]。

用户研究阶段涉及讲故事的主要有两种方式：用户自己讲故事和设计师讲故事。

第一种方式的讲故事是设计团队在和用户交流中，可以鼓励用户通过讲故事的方式来分享他们如何使用某个或某类产品或服务，或者讲述他们自己和产品或服务相关的故事，从而帮助设计师洞察问题和痛点，挖掘需求点。用户讲故事通常在用户访谈中进行，设计师或研究员对用户进行引导，尽可能地让他们愿意讲述和分享自己的故事。这类故事直接来源于用户的分享，即真实用户故事，通常内容和形式都比较灵活，没有统一规范的故事描述要求，需要设计师或研究者进行后续的整理和分析。

第二种方式的讲故事是使用用户故事，由设计师或设计团队来讲故事。用户故事（user story）这一概念本是软件开发的敏捷设计中用来描述需求和用户价值，即描述用户通过系统完成一个有价值的事[141]。因此，用户故事并不具备完整的故事要素，也并非严格按经典故事框架来组织情节内容，本质上和我们所说的传统意义上的故事是不同的。用户故事是一种系统化方法，目的是连接产品研发中的需求和开发测试[144]，方便设计团队内部规划并完成有价值的功能设计。因此，用户故事可以在用户研究阶段应用，也可以在后续设计以及测试阶段使用。在用户研究阶段，用户故事可以通过荣恩（Ron Jeffrise）的 3C 故事卡即卡片（card），对话（conversation）和确认（confirmation）[142]来完成对用户需求的记录收集和整理表现，最后进行故事编写。故事卡不仅包括故事的文本，还需要在对话中确认细节并记录。同样，使用用户故事法需要配合常用的用户访谈、观察、问卷等形式的用户研究方法，以及故事编写工作坊来完成。

用户故事的编写可以参考使用模板，即 Role—Feature—Reason，作为××角色，想要或需要××功能，以便实现或获得××价值或作为××角色，想要或需要进行××活动，以完成××目的[141-144]。通过这种方式来编写故事，可以将用户的需求以及其所期望的功能或价值结合，再放到用户故事里。

用户故事的编写举例：

作为一个爱美的小姐姐，想要记录每日饮食信息，以便（实现）控制体重；

作为一名普通白领，需要获得银行的提醒，以（完成）按时还信用卡账；

作为一名在家的妈妈，想要查看网上买菜的信息，以（实现）购买当日家庭餐用所需食材。

用户故事更像是对第一种用户自己讲故事之后的信息进行再次的整理分析，然后通过编写用户故事的形式来明确用户有哪些期望，对产品、系统或服务具备的功能特性有哪些要求。两种类型的讲故事各有侧重，用户自己讲故事侧重强调激发用户来分享他们的故事，从而让设计师或设计研究者收集到尽可能多且深入的信息；用户故事更侧重从用户角度来描绘用户对于产品功能的期望。很多文献都强调用户故事最好是一个个的简单小故事，即只描述一个用户角色，做一件事，实现一个目标或价值[145]。用户故事的编写需要遵循 INVEST 原则，即 I—Independent（独立的），N—Negotiable（可讨论的），V—Valuable（有价值的），E—Estimable（可估算的），S—Small（小的），T—Testable（可测试的）[141]，如图 7.2 所示。可见，用户故事更适合做整理，做计划。

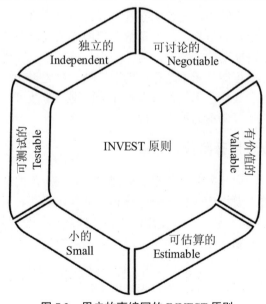

图 7.2　用户故事编写的 INVEST 原则

另外，如果按照 IDEO 设计流程（见第 4 章图 4.3）来看，前面曾介绍过的场景脚本或情境故事法非常适合应用在定义问题和构建原型阶段，以展示在用户研究阶段收集到的用户信息，例如用户是谁，动机和目标是什么，以及他遇到问题时的解决方案怎么样，具体痛点是什么，情绪和期望如何等。

下面的案例就是利用场景脚本来定义问题和构建原型，通过情境描述帮助设计师探索可能且合理的设计方案。

【案例】智能家居设计中一个关于智能叫醒设计的故事。

丈夫是医生，早上 6 点半必须起床上班。妻子是编辑，最近都在熬夜工作，早上无法同步早起。丈夫不忍心打扰妻子睡觉，又担心妻子睡过点会耽误 10 点的线上工作会议。于是丈夫用家里的小闹钟给妻子上了一个 9:45 的叫醒闹铃。为了不让闹钟滴答滴答的声音影响妻子睡觉，还特意把闹钟放在了另一侧的床头桌上。到了 9:45，熟睡的妻子被闹铃叫醒，她睁开眼，望向闹钟查看时间。随后妻子快速起身，关闭闹铃，下床洗漱，准备好线上开会。

从上述故事中可以提取出用户的一些行为操作：丈夫想叫醒妻子，丈夫给妻子上了一个定点闹钟，丈夫把闹钟放在床头桌上，妻子被闹钟叫醒，妻子查看时间，妻子起身关闭闹铃，妻子起床洗漱，妻子准备线上开会。通过对这样的场景故事的描述，为设计师提供具体的场景，便于寻找可能的智能叫醒的设计方案。

总之，在用户研究阶段，无论用哪种形式讲故事，目的都是为了帮助设计师更好地获取目标用户的信息，深入理解用户的需求或对产品功能及价值的期望，从而能得出尽可能明确的结论，为下一步具体展开设计提供思路和方向。否则，我们的设计就可能是无本之源，无因可循，单凭设计师拍脑袋灵光一现而想出来的。设计和其他艺术创作有着本质的区别，讲故事在设计研究阶段的应用表现，更多的是以文本的形式呈现。

7.3.2　在设计展开阶段讲故事

用户体验设计的展开更多是依赖于前面用户研究阶段的结论，即朝什么样的设计方向去推进，要往什么样的问题落脚点去具体展开。用户体验设计阶段的初期（early ideation）是一个产生想法和解决问题相互交替的创新设计过程。在这个过程中，提出和呈现设计想法，以及交流和讨论是主要设计活动。支持将设计想法进行可视化呈现和交流讨论的常用方式有绘制草图、制作原型以及画故事板。这个阶段的讲故事就基本是以故事板的形式去表现甚至激发设计概念的产出。

绘制草图、制作原型和故事板各有各的优势。

绘制草图相对比较容易实现，且可以快速完成，但草图展现的是静态的产品特征。无法呈现用户和产品实时的互动过程，这是绘制草图这种方式无法规避的欠缺。此外，专业的草图的绘制是需要设计者具备相应的绘图技法和功底的，而事实上在用户体验设计领域内，确有相当部分的用户体验设计师并非设计专业出身（例如有心理学背景的、计算机背景的从业者），对他们而言，绘制草图还是有难度的，因此，用绘制草图的方式来沟通交流设计想法并非良选。

制作原型一般对制作技术以及时间和精力的投入等多方面都有要求，有时候还需要技术纯熟的原型制作师的帮助，因此在概念设计初期不是所有用户体验设计师都可以完成的。

相较而言，故事板对于技能的要求较低，可以将设计想法做可视化呈现，能将产品、系统、服务的使用场景以及其对使用者情感影响进行描述，同时还能创建一种通用语言帮助设计师理解特定的问题以及目标用户的体验等方面的内容。关于故事板的具体介绍请参见本书第 6 章。另外，在第 5 章文献总结中提到的工具 StoryPly[59]特别适合用在用户体验设计初期设计团队内部就用户体验相关方内容进行分析和讨论。其他几个代表性的工具，例如故事探究法（fictional inquiry method）[101]，快速卡片技术（instant card technique）[121]，以及故事小组工具（storytelling group）[122]都可以尝试在这个阶段使用，以实现用讲故事的方式来促进生成设计方案以及分析和讨论设计方案的目的。此外，我们也受 3C 故事卡和快速卡片技术等方法的启发，尝试基于故事的情节发展框架，进行了简易的讲故事模板工具（图 7.3）的探索，以更好地支持故事板的各个画面内容的安排。如图 7.3 所示，该工具分为六张模板，分别是 0：用户故事的总结；1：故事的开始；2：故事的发展；3：故事高潮，即矛盾冲突；4：产品介入，即可能的产品设计；以及 5：故事结尾。在具体使用的时候，需要结合模板上的文字说明，在下部空白处用文字，草图等形式来填充，把在用户调研阶段获得的信息以及用户故事进行完整故事的规划和内容安排。下面的案例就是基于这样的工具进行故事板的创建，对初步设计想法进行的快速表达呈现，用于设计团队内部的设计交流。

【案例】

背景：在移动互联网尚未像今天这么发达和普及的时候，在国外求学的学子以及出国旅游的人们在异国他乡，尤其是到非英语国家，经常会遇到语言交流问题。

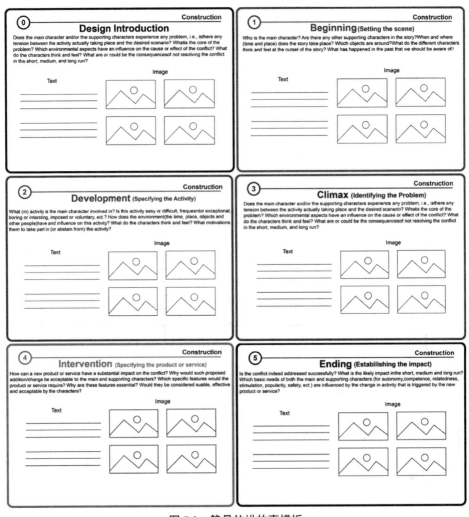

图 7.3　简易的讲故事模板

　　用户研究阶段：2015 年 9 月—10 月，几个在荷兰的工业设计专业学生为完成一次设计课题组成了一个设计小组。在设计课题的调研中，他们对在荷兰的多位中国留学生进行了访谈，收集了相关信息，编写了用户故事，并确定了设计大方向，即选择以到荷兰餐馆就餐为代表场景。

　　用户故事：作为在荷留学的中国研究生小情侣，想快速读懂荷兰语菜单，以便实现清楚明白地点餐和就餐。

　　用户体验设计阶段初期，基于用户故事对设计想法进行快速的故事板视觉呈现，以方便团队内部进行头脑风暴以获得更多的想法。故事板的画面安排使用了图 7.3 所示的讲故事模板，如图 7.4 和图 7.5 所示。需要说明的是，该案例的引用只为说明在用户体验设计初期对于讲故事以及故事板的应用，工具的使用可以实现更好的辅助效果，用这样的方式来启发设计团队进行创意想法的畅想和讨论，故事板的规划安排以手绘快速表达为主，没有过多注重故事板的画面质量。

图 7.4　使用讲故事模板规划故事内容和故事板画面安排

图 7.5　设计案例故事板表现

在用户体验设计的中后期，讲故事多以可视化的故事板形式来促进设计团队内部对于设计概念的反思和提升。前面提及的用户故事在体验设计阶段可以被视觉化成故事板，以讨论和验证每个故事是否符合用户的期望、是否满足用户的需求，是否能实现所需的功能。

在整个用户体验设计阶段，故事板可以多次绘制和使用。同样，和前面用户故事编写类似，一次故事板，无论多少个画面，建议只描绘一个产品概念的体验相关的内容。同时，单个画面也尽量描绘单个体验细节或交互细节，例如用一个或几个画面来详细表达用户是如何打开一个移动应用点外卖的动作场景（参加第6章图6.2）。

此外，讲故事也是支持实现参与式设计[146, 147]的重要方式。让用户成为设计团队的一员，共同参与设计想法的提出以及设计概念的讨论和优化，一起讲故事，共创故事板，以达到提升用户体验的目的。

7.4 讲故事做体验设计案例

用讲故事来做用户体验设计代表性的案例就是爱彼迎（Airbnb）。Airbnb是一家全球性质的，以民宿和短租公寓为主，配合酒店、公寓、客栈多方房源的预订服务平台。Airbnb服务的最大特点是改变了人们的过去传统的租住意识，让人们愿意把闲置的房间和房屋拿出来，或做短期的出租，或进行民宿的经营，从而可以满足人们包括旅游、休闲、商务等的不同需求。其成功的秘诀就在于用讲故事的方式将用户体验可视化呈现，并基于这样的思考做到了世界级的极致的用户体验。Airbnb在公司成立初期，首席执行官布莱恩·切斯基 Brain Chesky从迪士尼的白雪公主和七个小矮人的动画故事板中得到启发，决定采用故事板来讲故事使设计获得更好的客户体验。这便是史上著名的以"白雪公主"为代号的项目，其包含了客户端到店主端的 Airbnb 体验的情感时刻列表，随后演变成了公司内部可以分享的故事。此外，Airbnb 还专门聘请皮克斯插画师 Pix Illustrator 制作了一整套用以说明用户体验的故事板。

这套故事板用插画风格呈现了不同用户端（订房客户端和供房店主端）的用户体验。故事板用整体一致的风格，形象生动的人物角色，加上特写镜头表现丰富的细节来讲述关于 Airbnb 两大类用户的使用旅程故事。客户端的故事板讲述的是这样一个故事：几个朋友一开始商量去哪儿旅行，然后通过线上服务预订了民宿，来到民宿，入住体验，最后旅行结束，对民宿的服务进行评价。在 Airbnb 开始做服务体验设计之前，这样的故事板有助于设计团队预先形成并帮助绘制出一个服务和体验愿景，即能清楚认识到所要提供的服务是什么，为谁提供服务，清晰梳理出服务提供者（房东 host）和服务接受者（guest）的不同情况，由此可以将用户及其行为和交互模式等信息纳入这个服务愿景，思考并设计这些利益相关者所需要的用户体验到底是什么。

供房店主端的故事板展示的故事是这样的：一家民宿的老板通过使用 Airbnb 系统给自家的民宿拍照并发布民宿信息，通过 Airbnb 的认证。然后老板每天打扫卫生，做好准备保证客人可以随到随住。接到预订后等待客人到来，提供服务。客人离店，店家获得服务评价。Airbnb 用这种以图片方式展示出来的故事板赋予不同用户强烈的情感共鸣，激发同理心，增强代入感和参与感，从而能更加深刻地理解 Airbnb 的企业文化和服务特色。

不仅如此，Airbnb 的公司内部也形成了一种工作方式，即每个人都能通过讲故事为 Airbnb 的体验设计做贡献。正如 Airbnb 的联合创始人和 CTO Nathan Blecharczyk 所说，运用故事板的方式做了服务蓝图和体验设计，能有效帮助设计团队思考用户在不同情况下有何种期待，如何满足用户的期待和需求，可以做哪些方面的创造和创新。故事板让 Airbnb 设计团队意识到在设计初期他们对线下体验关注不足，他们及时做了调整和补充，让 Airbnb 的服务和体验设计得到了显著提升。讲故事被应用到体验设计的流程中，在帮助设计师捕捉体验流程中每一刻的体验以及探索可能的理想的体验方式等多个层面、多个步骤方面起到了非常大的促进作用。Airbnb 的用户体验设计不仅是寻找就某个特定问题或痛点的解决方案，而且是通过讲故事去感受用户在每一个流程步骤中的所做、所想、所感，这就是真正用心去做用户体验设计。

此外，Airbnb 设计站在用户的角度来考虑服务体验，在用故事板构筑服务蓝图和体验感受的同时，还将 Web 端网站和移动端 APP 的开发设计统一纳入整个 Airbnb 的体验设计中。在其服务设计中加入移动 APP，将移动应用作为最具影响力沟通媒介的诸多好处发挥到了极致，极大地促进了客户和房东的及时交流，也在辅助房东进行日常任务管理上起到了巨大作用。Airbnb 还通过 Airbnb Open 房东大会，成立社群做分享和交流讨论，并邀请来自各个国家的房东共同参与体验设计，设计并优化满足其日常任务管理需求的移动端体验，让工具使用起来简单好用且流畅可信。房东们的角色也由此变得多样化，他们同时可以完成租房信息线上发布、广告推广、客服服务、日常运营、服务或产品销售，以及家务任务的承接等多方面的任务。因而也让 Airbnb 的服务无论对租客还是房东而言，都是优秀服务和愉悦体验。

7.5　讲故事，做交互设计

7.5.1　什么是交互设计

交互设计和用户体验设计这两个概念各有其侧重但联系紧密，因此把交互设计这部分一起纳入本章介绍。整体而言，用户体验设计注重通过对用户的深入研究和了解，挖掘用户需求、期望和痛点来进行体验相关内容的设计。相较而言，交互设计，顾名思义，更侧重实现人和产品/系统进行良好的操作交互和功能满足。

交互设计的概念最早起源于人机交互领域，由 IDEO 创始人之一比尔·莫格理吉（Bill Moggridge）于 1984 年提出，一开始称为软界面（soft face）后来正式命名为交互设计（interaction design）[148]。理查德·布坎南（Richard Buchanan）定义交互设计是通过产品（实体产品、体验、活动或服务）作为中介影响人和他人的关系[149]。丹·萨弗（Dan Saffer）指出交互发生在人和机器系统之间，因此交互设计是对人-机的设计[150]。大卫·贝尼恩（David Benyon）认为，人总是在一个具体场景中运用某种技术进行一些活动，交互设计是一种系统性设计，提出人-活动-上下文语境-技术 people-activities-context- technologies 的 PACT 交互式系统设计框架[151]。

夏普（Sharp）等人认为交互设计是设计一种交互的产品来支持人们在日常工作生活中交流和互动[152]。阿兰·库伯（Alan Cooper）认为交互设计是设计交互式数字产品、环境、系统和服务的实践[148]，规划和描述事物的行为[148]。交互设计还涉及五要素，即人、行为、目的、环境和媒介，设计的对象由物转为行为，设计思考逻辑是行为逻辑[153]，因此交互设计关注的是人-机的交互过程，研究人的行为动作，解决交互过程的问题，实现人在使用产品时的合理性和舒适性。交互设计从人-机交互的角度来优化交互模式和提升使用体验以满足用户的功能诉求和情感需求，既可以单独进行设计方向的划分，也可以被视为用户体验设计的一个重要组成部分。

例如，以苹果为代表的公司推出基于触屏技术的智能手机，和过去的按键式手机相比，实物按键的按下弹起和触屏界面的点击动作是完全不一样的交互操作，带给使用者的触觉、视觉等多感官通道的体验也完全不同。同时，触屏技术支持实现更多类型的交互方式，包括单手可实现的点击、按住、轻扫、上推、下拉、左右拖拽，滑动滚动等交互动作，以及双指操作实现缩放等，极大地丰富了用户和屏幕界面的交互方式，提高了操作效率，提升了交互的愉悦体验，是技术普惠大众的典型案例。

7.5.2　交互设计就是讲故事

交互设计关注的是人和产品/系统的关系，即人物角色和场景的结合。而故事总是围绕人物在特定情境里的叙事，因此交互设计就是讲故事。事实上交互设计还不只是讲故事，更是以人为本的、就对用户的研究和理解而展开的能满足用户交互需求、优化行为动作以及流程的严谨设计。讲故事兼具了研究、分析、想象和创作以及沟通等方面的功能优势，让为人而做的设计不仅严谨且富有人情味，更加人性化。

从用户体验设计的角度来看，交互设计涉及多方面的考虑，不仅需要对与产品的使用行为相关的产品形式进行定义，还要预测产品的使用将会如何影响用户对产品的认识和理解，以及如何影响产品和用户的关系[148]。珍妮弗·普锐斯（Jennifer Preece）等人认为交互设计和创建新的用户体验有关，是能增强和扩充人们工作、通信和交互的方式[154]。因此，交互设计和用户体验设计是不同的，但可被视作用户体验设计中的一个重要环节，专注于人-机交互的行为动作的设计和优化，那么讲故事以及故事板非常适用于描述和交流交互方式以及人-机交互的细节设计。

从产品设计的角度来看，交互设计被认为是以实现交互目标为导向来解决问题的一种新的产品设计模式[155]。大量文献倡导将剧本法引入产品设计。这里的剧本就是故事，产品设计涵盖了交互设计，因此讲故事做交互设计便也合情合理。例如，我国台湾学者余德彰等早在 2000 年便提出了用剧本引导的方式做产品和服务设计[33]；清华大学姜颖在 2006 年建议写故事做设计，并阐释了剧本的撰写的方法，即遵循经典的故事架构的"起承转合"，其中"起"指的是故事背景，"承"指故事议题，"转"是提出概念，"合"即设计产品[32]。通过撰写这样的剧本，将使用者的需求和使用行为，对应的产品功能，以及产品概念用故事来组织衔接，本质上也是发现问题、提出问题、解决问题的过程。这样的设计过程是基于人-产品-环境大系统内的关于产品的故事，产品和人的交互也是这个故事的组成部分，需要用讲故事以及故事板来表达和说明。江南大学的李世国等人也对情景故事法[27]，剧本法[156]，以及故事板[157]进行了深入的探讨，提出了故事基本架构和交互设计系统的关系（图 7.6）以及剧本法在交互设计中的运用流程（图 7.7），并应用到多项设计实践中，以证明在交互设计过程中以及交互式产品使用情境中进行故事演绎，有助于实现产品的个性追求[156]。

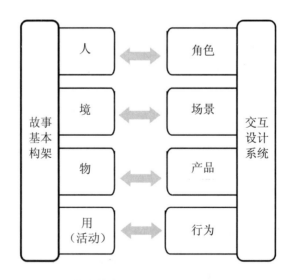

图 7.6　故事基本框架与交互设计系统关系图

（图片来源：《交互设计的故事演绎即产品个性追求》）

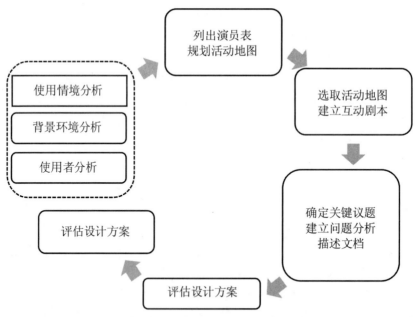

图 7.7　剧本法在交互设计中的运用流程

（图片来源：《交互设计的故事演绎即产品个性追求》）

7.5.3　讲故事做交互设计案例

图 7.8 是介绍飞利浦叫醒灯（Philips Wake-Up Light）的故事板。主要内容集中在人与产品的交互，交代清楚人物的动作、行为，产品的功能实现和操作界面以及界面信息反馈这些细节，让观众能清楚地感受到叫醒灯是如何工作的，用户如何实现和界面的交互，以及交互界面的具体工作模式，例如按下界面按键后灯的变化，灯的亮度是如何随着时间的设定而变化的具体过程，早上是如何工作来实现叫醒服务的。

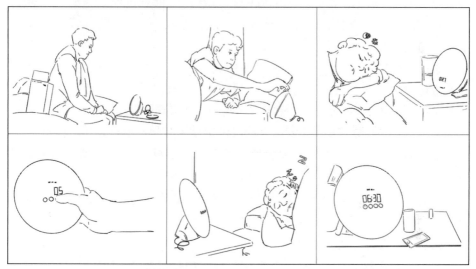

图 7.8　飞利浦叫醒灯 Philips Wake-Up Light 的交互故事

7.6　Pitchify Toolkit 工具包介绍

在实践中，我们发现在通过讲故事做用户体验设计的过程中，尤其是在编写一个合适的故事并将其进行故事板可视化的过程中，经常伴随故事不完整、故事元素缺失、故事结构混乱，以及故事感不明显等状况。这样就容易造成一系列问题：故事主人公的人物性格不够鲜明突出，故事背景和情境细节丢失，受众难以产生共情，劝导力减弱。此外，受众对所要解决的设计问题难以产生共识，对用户的需求和痛点不能产生共鸣，对提出的设计方案难以理解和接受。还可能导致故事中的产品和人物的关系突兀，人机交互细节不清晰，故事板画面数量要么多要么少，画面内容交代不清楚等问题。在用户体验设计中讲故事，看似容易，实则困难。无论是在设计团队内部交流，还是有用户加入的参与式协同设计交流，还有和其他利益相关者（stakeholders）的汇报交流，为了更好地促进设计交流，提升用户体验设计品质，讲故事不能只是停留在用户故事或场景脚本阶段，而是应该尽可能让讲的故事本身合适合理，才能让视觉化的故事板更加清晰有效。Pitchify Toolkit 工具包就是为了解决这样的困境而生。这款工具是基于图 7.3 所示的简易讲故事模板发展而来。中间经历了设计—测试评估—优化设计—测试评估等多轮的迭代设计过程，测试评估结合了观察法、访谈法、焦点小组法等定性研究方法和问卷及数据分析的定量研究方法。Pitchify Toolkit 工具包包括七张画布模板以及一套 42 张的卡片工具（图 7.9）。七张画布模板都是 A3 大小，每张页面上的内容包括：标题，即六个主要的故事元素；副标题，即对故事元素进行解释说明；一段说明如何使用的指南以及八个方形空格。第 1～6 页分别将故事的元素单独列出。具体包括：

①故事人物（character），包括故事主人公和利益相关人；

②故事场景设定（setting），包括特定场景的时间、地点和环境信息；

③行为活动（activity），即故事人物的为达到目标或满足需求而做的活动或行为表现；

④矛盾冲突（conflict），是调研阶段挖掘出来的用户的问题或痛点，需要进行明细化梳理，且一个故事最好只解决一个问题；

⑤设计方案（design solution），对设计方案进行细化介绍，包括功能有哪些，应用了什么技术，产品的外观造型特征、形态、色彩、材料以及交互界面特征等信息都需要一一列出，以便找到最有代表性以及最能满足用户需求或期望的设计特点；

⑥设计影响（impact），即这个设计方案能带来哪些设计价值。

图 7.9 所示的画布板上的第 7 页呈现的是经典的故事情节发展框架，故事的各要素也被标注到故事架构各段位置中，方便使用者在编写一个介绍自己设计的故事时不会遗漏相关要素，还可以参照故事的情节架构去组织元素。画布模板上的 8 个空格是需要配合便利贴使用的，因此这些空格的大小尺寸是和市面上常用的便利贴的大小（75 mm×75 mm）一致。设计师可以个人或团队一起使用 Pitchify 画布模板工具，通过在便利贴上写文字或简单画草图然后放到画布模板上进行展示和交流。用便利贴的最大好处就是可以灵活地编辑，数量可以增加或减少，不合适的还可以重新写一张或画一张，非常适合思考和讨论。

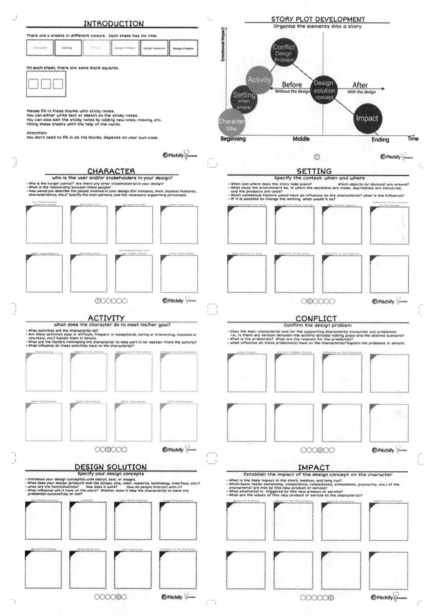

图 7.9　Pitchify toolkit 工具包的画布模板工具

　　Pitchify 卡片工具和常见的扑克牌类似，可以灵活使用。这套卡片分为 8 个种类（图 7.10）共计 40 张卡片以及 2 张使用说明卡片。每张卡片大小为 75×100mm，双面都有信息，一面是对卡片信息的文字说明，另一面是和卡片文字信息相匹配的图形。卡片是配合画布模板使用的，目的是对各个故事元素进行补充和扩展，以帮助使用者对设计方案和设计价值以及用户体验相关的内容进行分析、讨论，从而帮助梳理故事元素和建构一个故事。这样的故事是对设计的回顾和总结，因此故事相对完整，更适合用于整理汇报设计方案，也适合以讲故事的方式来测试和讨论设计方案的可行性、可用性等。

详情请观看 YouTube 视频介绍（图 7.11 和图 7.12）[26]。

图 7.10　Pitchify toolkit 工具包的卡片工具

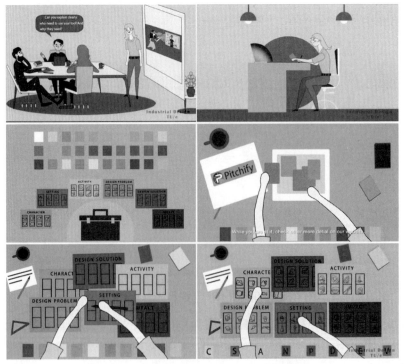

图 7.11　Pitchify toolkit 工具包介绍故事图 1

图 7.12   Pitchify toolkit 工具包介绍故事图 2

7.7   本 章 小 结

　　本章对讲故事在用户体验设计和交互设计中应用的原因和意义以及设计案例进行了介绍，向读者说明了讲故事对于讨论用户体验和交互场景等相关内容具有十分重要的辅助作用。故事板是设计中最为主要应用的讲故事方式，应该在用户体验设计以及交互设计中多用、善用，发挥其最大功效，辅助做好用户体验设计和交互设计。

第8章 讲故事，做服务设计

服务设计是近年来非常受关注的设计领域。越来越多的研究者和设计实践者都开始加入服务设计。服务由来已久，虽然服务设计作为专门的研究和设计领域相对而言还是新兴方向，但在其发展过程中也不乏众多优秀服务设计实践和案例。由于服务设计是一个涉及多学科和多维度视角的复杂学科，本章重点关注讲故事和服务设计的关系，探讨用讲故事来做服务设计。

8.1 服务设计

服务设计，顾名思义，即对服务进行设计。服务无处不在，看似无形又好像有形。服务无形，即服务看不到、摸不着，服务流程和方式都没办法用一个个实实在在的物品来全部体现；服务有形，那些提供具体服务的产品和设备设施环境，例如手机和钱包，无论什么尺寸大小或是品牌型号乃至材质工艺等，都是人们可以看得见，触碰得到的。营销大师科特勒把服务概括为一方向其他方提供的无形的利益或活动的总和[159]。服务也被定义是一种体验，是顾客购买服务机构所提供的服务操作所带来的一系列体验[158]，因此服务从本质上来看无形的。

在过去，服务常被人轻视和忽视，因此，几乎没有服务设计和服务意识的概念。而如今，世界上各个行业的很多企业和组织都在加强对服务的重视，不断致力于改进和改善服务的研究和实践，也逐渐实现了设计服务，普惠大众。最具代表性的就是移动支付服务。我国是世界上移动支付最早兴起，并使其成为主要支付方式的国家。移动支付就如同手机和钱包的电子组合，无论是使用支付宝还是微信支付，老百姓都能通过使用手机和移动网络进行无纸币、无银行卡的线上线下的交易和支付，方便又快捷。随之而来的网约车和共享单车等服务的出现，都得益于移动支付带来的便利（图8.1）。与此同时，餐饮、金融等行业近年来也做了很多提升服务的设计考虑，其中以海底捞、星巴克、麦当劳、德意志银行等尤为突出。就以德意志银行为例，这是一个从金融产品到银行环境等各个方面的服务都进行了全面系统的设计优化的范例，以服务设计来拓展服务的种类，提升服务的品质。具体而言，在德意志银行工作大厅里，有为顾客展示各种金融产品的货架服务，方便顾客随时拿取资料查阅。还放置了柔软的沙发，提供咖啡饮品，营造了一个让客户和银行工作人员可以轻松聊天交流的氛围。还专门设置了儿童服务区，提供小孩子可以玩耍游戏的场地，以及宠物存放区，方便解决客户的宠物吃喝拉撒等问题。另外，德意志银行还充分利用现代科学技术开通了网络银行服务和手机支付理财等服务。这所有的改变都是为了让客户感受到德意志银行优质且贴心、全面且周到的服务，提升其服务体验，增加其满意度。德意志银行也因此成为一家全能银行，是开创银行服务新模式的先驱。由此可见，服务不但可以被设计，还可以通过合理的设计和优化得到改善和提升，让整个服务系统和流程以及各个环节的焕然一新，给用户提供更优体验。

图 8.1　移动支付服务

　　服务设计这一概念诞生于 20 世纪的 80 年代，虽然当时作为管理和营销领域的概念出现在营销杂志上，但却是第一次将设计和服务相关联，被认为是服务设计的研究起始点[160, 161]。服务设计正式出现是在 1991 年比尔·霍林斯（Bill Hollins）夫妇的设计管理学著作 *Total Design*[162]中。1994 年英国国家标准局界定了服务设计，随之在 2001 年成立第一家服务设计公司 Live/Work[160]。国际设计协会（Board of International Research in Design）定义的服务设计是"从客户角度来设置服务，目的是确保服务界面。从用户角度来看，包括有用的，可用以及好用，从服务提供者来讲，包括有效、高效、与众不同"[163]。这一定义把服务设计定位在界面设计的角度,注重将设计方法和理念融入服务的规划安排,以此来优化服务的流程和细节,提高服务质量,提升消费者在享受服务时的体验。国际服务设计联盟（Service Design Network）定义服务设计是设计服务的实践,即通过整体和高度协作的方法为用户和服务提供者在服务生命周期中创造价值,并通过以用户为中心的视角来设计安排服务的流程、技术、交互方式等,从而推动服务的交付[164]。我国商务部也在 2018 年对服务设计做出了定义,即"服务设计是以用户为中心,协同多方利益相关者,通过人员、环境、设施、信息等要素创新的综合集成,实现服务提供、流程、触点的系统创新,从而提升服务体验、效率、价值的设计活动"。国内研究者胡飞等根据 *This is Service Design Thinking*[16]一书的更新版将商务部的服务设计定义调整为"以用户视角为主要视角,与多方利益相关者协作共创,通过人员,环境,设施,信息等要素创新的综合集成,实现服务提供,流程,触点的系统创新,从而提升服务体验,品质和价值的设计活动"[160-161]。服务设计时时存在于我们日常生活的各个地方,为我们的衣食住行提供更好服务。世界上越来越多的企业开始重视服务设计,也将服务设计做得很好的范例,例如以网约车和共享单车为代表的共享出行服务设计,星巴克提供的特色咖啡文化的服务设计,盒马鲜生的新零售商业服务设计,等等。好的服务设计案例近年来层出不穷,正是服务设计不断发展并推进人类社会不断前进的体现。服务设计发展的脉络情况如图 8.2 所示。

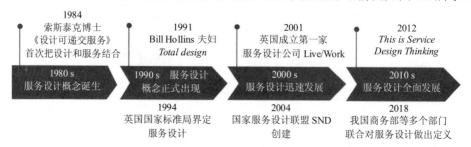

图 8.2　服务设计的历史发展时间线

由于服务本身的复杂性,服务设计包括利益相关者、接触点、服务产品或系统以及服务流程等几个要素[16],是一个涉及设计学、管理学、社会学、心理学等多门学科知识的交叉学科。多年来,很多研究者主要从设计学科、管理学科等不同学科视角,以及商业和非商业的层面对服务设计进行了各种界定,例如强调服务设计要以人为中心,要从用户的视角去看待世界,因此服务设计和用户体验设计是相通的[16]。例如认为服务设计是系统问题,并将服务规划、产品设计、视觉设计、交互设计等囊括在服务设计的大范畴内（图 8.3），以此来提升服务的效率、易用性、满意度和忠诚度，因此也包括了能给用户提供的体验和服务中创造的价值[158, 165]。还有将服务设计和顾客利益相联系，是以顾客利益为工作目的的设计[166]。

从上述定义可见，服务设计需要将人-产品-环境-服务等相关因素都考虑进去，是一个更加系统的考虑。服务设计将创新设计的方式方法，系统设计的目标和原则以及商业策略和流程管理融合技术创新，从人和产品、环境、服务的接触点入手，以改善和提升用户在和服务交互中的情感和体验为目标，从而实现服务的更新、升级、优化甚至更换。在当代社会，服务设计的领域和范围更为广阔：医疗服务创新、社会服务设计、教育服务设计、金融服务设计、餐饮服务设计、娱乐服务设计，等等。服务设计早已融入老百姓的吃、穿、住、行、乐当中，覆盖了生活、生产、工作、学习的多个层面多个环节。

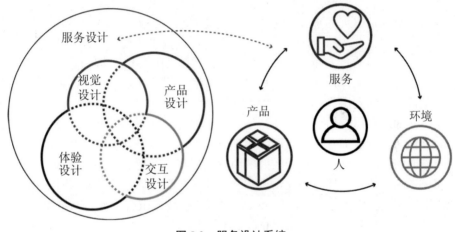

图 8.3　服务设计系统

8.2　做服务设计需要讲故事

讲故事对服务设计有积极作用，主要可以从以下四个方面来说明。

第一，从上述服务设计的各种定义不难看出，服务设计是一个以全视角并包含了不同利益方以及各种流程环节的复杂的系统工程。服务设计的对象和内容具有不确定性和多样性等特点。服务设计涉及服务流程、服务瞬间、服务接触点、服务痛点等无形内容，需要用可视化的方式建立故事情境，不仅可以清楚展现服务所依托的物理层面的符号、菜单、显示界面、操作界面等细节，还可以将服务涉及的各种关键环节和问题场景一一进行还原，以供分析和讨论，从而促进不同知识背景的设计团队成员之间的相互理解、沟通和协作。"接触点"这个概念也是服务设计领域中最为常见的术语，包括了三种内容，即：服务提供者和客户之间的交互事件（event），服务提供者和客户之间交互的界面（interface），以及服务提供者和客户之间通过渠道传播的交流实例（instance of communication）[167]。这三类的接触点，都不容易只通过语言交流清楚，需要通过可视化的方式，例如建立故事情境来呈现。因此，以服务设计教育著名的米兰理工大学的艾佐·曼兹尼（Ezio Manzini）教授提出"以设计为导向的情景"[167]，本质上就是用讲故事建立情境的方式来促进服务设计和创新。从这个意义来看，服务设计的情境分析就是讲故事，即通过让情境嵌入服务去做服务设计。

第二，由于体验是服务的一种属性，即体验的好坏是评价服务和服务设计的评判标准之一。同时，优秀的服务设计势必能给用户带来好的用户体验。服务设计涉及包括感觉需求、情感需求、交互需求、社会需求和自我需求在内的五个需求层次[158]，都和体验密切相关，或者可以说服务设计的体验是把这五个方面都包括在内的多方面的、多维度的综合体验（图8.4）。因为服务对用户而言其实就是一个过程，在服务过程中和过程后，用户在这五个层次的需求是否被满足都会影响到用户体验。其中用户的感觉以及和产品的交互是较为直接的体验。而加入对用户情感的关注，增强对趣味性、娱乐感以及意义感等愉悦情感的体验，有助于提升用户对服务的满意度。用户对于社会需求和自我需求这两个方面的体验通常是在获得较好的服务之后形成的更高层次的体验，来得不如前三者那么快速直接。因此，服务设计和产品设计、用户体验设计、信息设计、交互设计以及视觉设计等多个设计领域都有较多重合之处[169]。正如服务设计五大原则，即以用户为中心（user-centered），共创（co-creative），按顺序执行（sequencing），实体化的物品与证据（evidencing），整体性（holistic）[16]所述的，做服务设计需要秉持以人为本的设计理念，以用户为中心，并全面考虑在服务过程中人-产品-环境-服务这个整体系统中各个流程的先后顺序和各个触点带给用户的感觉、情感、交互等体验。同时，服务设计可以通过共创来实现，即让服务提供者、用户、其他利益相关者和潜在的任何用户一起参与服务设计，共同创造创新，有助于发现服务触点及其在各个需求方面的问题，从而通过设计解决问题以提升用户体验。由此可见，体验设计本身也是服务设计的一部分，因此，适用于体验设计的方法工具，包括讲故事（故事板）以及人物角色法等也应该同样适用于服务设计。

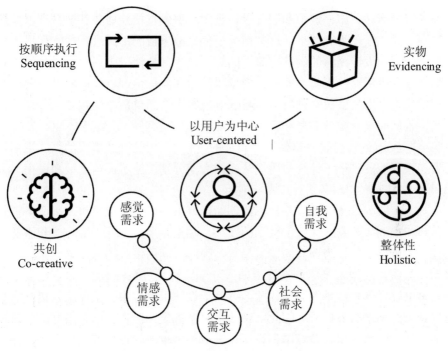

图 8.4　服务设计的五大原则和五个需求层次

　　第三，大量服务设计的研究文献都提及服务设计的方法工具，其中的几个工具包括用户场景，用户故事，旅程地图和服务蓝图等事实上都和讲故事相关。用户场景（user scenario），即用一个故事示例，用叙述的方式描述用户在某个特定情况下如何与服务进行交互，确定人物角色的态度和需求，逐步描述用户的体验如何，并可以用图纸、图片或体验剪辑等进行视觉化表现[176]。第 7 章介绍过的用户故事（user stories），来源于软件工程设计中的敏捷设计，是根据用户交互的情境需要开发的功能。用户故事从用户的角度来描述数字服务的需求，能说明所有元素和交互情境，且这些元素和交互能实现移动应用程序或网站预想的用户体验[170]。旅程地图（journey map），用合成表示的方式，按照服务的流程顺序逐步描述了用户如何与服务交互。旅程地图从用户的角度描述了用户和服务交互的每个阶段的细节，即会发生什么，涉及哪些接触点，他们可能会遇到哪些障碍[176]，以及用户在这个过程中所经历的情绪和体验。服务设计蓝图（service blueprint）和旅程地图类似，在呈现形式是一张图表，列出每个阶段发生的利益相关者的所有活动[170]。服务设计蓝图有助于梳理清楚整个服务的主要流程和触点，可以用于展现服务愿景。用户场景和用户故事侧重交代人物及其行为活动，旅程地图和服务设计蓝图则更侧重描绘服务各个触点以及用户与触点的交互行为和结果，这些都需要依靠故事板的形式进行视觉化描绘和展现，以方便设计团队的沟通交流。因此，在大部分情况下，服务设计的过程中都会综合应用这些工具，即把用户场景故事和旅程地图以及服务设计蓝图综合利用起来，用故事板来讲故事。Airbnb 就是一个用讲故事来规划服务设计蓝图和愿景从而提升服务品质和完美用户体验的典型案例（详情请参见第 7 章）。事实上在 Airbnb 通过讲故事做服务设计的过程中，用插画故事板的形式把用户场景和旅程地图进行了综合应用，从而向大众分别讲述了民宿老板和民宿客人如何通过 Airbnb 的服务进行或即将进行交互的故事。

第四，服务设计既可以是改善或创新现有服务，也可以是对未来服务模式的预想和规划。随着现代数字技术的发展，越来越多数字的无形环境和服务都已经成为可能，并成为今后的发展趋势。因此，利用讲故事可以描绘未来服务状态的蓝图，展现未来服务设计中的人-产品-环境-服务的具体内容和交互细节，可以解释未来预想的服务体验，有助于设计出更有用、更可用、更能满足用户需求的未来服务模式。因此，讲故事对服务设计而言，具有很好的前瞻性和辅助性。因此，想要做好服务设计，讲故事是重要的设计方法和工具，应该得到更多重视且需要被多用和善用。

8.3　讲故事，做服务设计的案例

从上述内容可以看出，做服务设计需要讲故事。笔者认为，讲故事作为一种方法论指导，在服务设计中可以被理解得更加宽泛一些，包括用户故事，用户场景以及旅程地图等服务设计的方法工具都可被视为是讲故事方法的应用。那么具体如何来讲故事做服务设计呢？下面结合设计案例来进行说明。

8.3.1　盒马鲜生服务设计案例

服务设计是一种全局化、系统化的思维方式，通过对服务过程中的触点体验的挖掘和优化设计，让各个利益相关者都能有效协作，取得愉悦用户体验的过程。盒马鲜生服务设计是新零售商业模式在服务设计创新探索中很好的例子。该服务设计以消费者/用户为中心，将线上-线下-物流递送三者完美结合形成全链路服务（图 8.5）。讲故事在盒马服务设计应用中的显著特点在于盒马充分利用 APP 线上平台向消费者/用户讲述一个个有趣的故事，例如关于食物的故事，盒马小镇、盒区一家人的故事等等。这样的故事不仅可以快速和同行业其他企业区分开来，还特别有助于宣传企业文化及其服务特色。盒马 APP 上呈现的是用 IP 形象加上节气食物的场景插画故事，应时、应景、应季、应地的为消费者/用户讲述不同味蕾体验的故事。盒区一家人讲述的是盒区一家人的理想化生活和消费场景的故事。在这里，用户形象被 IP 化设计，并带入用户幸福时刻的场景中，讲述用户自己，不仅给用户带来了丰富和愉悦的感觉体验，更有助于提高用户对盒马品牌的好感度和亲密度。场景插画故事不同于故事板的呈现形式，但是具有良好的视觉效果，可以快速吸引大众的注意力，特别适合在服务过程进行呈现。因此主要用于 APP 页面，在线下门店也可以通过广告以及视频播放的形式讲述相关故事。

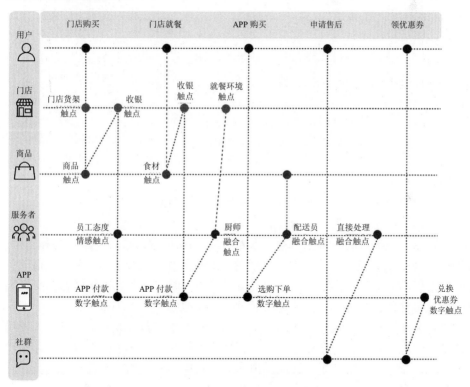

图 8.5　盒马鲜生的服务设计蓝图

　　此外，盒马在为一些节假日做活动广告和海报的设计中都运用了讲故事的方式，例如，用视觉故事板，插画故事等形式向用户讲述盒马在春节为大众提供便捷的年货买送服务，让老百姓可以乐享团圆家宴的故事。

8.3.2 韩国 Baby Noryangjin Fish Market 服务设计案例

Baby Noryangjin Fish Market 也是一个运用讲故事做出好服务设计的典型案例。在这个案例的设计调研阶段和规划服务蓝图、整理分析用户场景等多个设计步骤中都充分应用了讲故事的方法来进行服务设计的探索。其设计背景Noryangjin 是首尔最大的鱼市，但其传统的提供新鲜食品的怀旧方式并不吸引年轻一代，因为如今的年轻人大多不愿意直接到拥挤嘈杂且充满了味道的鱼市去购买物品。因此需要通过对其服务进行全新设计，实现让年轻消费者可以用全新的且干净便捷的方式获取商品的要求。

在其设计开始之前的调研阶段，设计团队先通过观察、拍照、访谈等研究方法收集了用户的需求信息，用照片的形式讲述了过去服务模式下的各种问题故事。随后设计团队通过研究分析这些问题故事，进行需求的定义和设计机会点的确定，提出服务设计概念，绘制服务蓝图。在这张服务蓝图上，垂直方向列出了包括用户行为、场景、前台、后台、支持流程以及体验几个项目。前台是用户可与之交互的服务的展现，后台则是用户无法实际看到但需要给用户提供支持的内容。水平方向是用户历程，包括产生意识、社交活动、购买、支付和递送几个主要的流程。其中场景（scenario）这一行都是用故事板场景化的方式来呈现这些主要的场景流程。整个服务设计中的用户场景用故事板的方式清楚地表达出来，讲述了这样一个故事——

用户发现了这家 Baby Noryangjin 的店铺，猜测可能是和原来 Noryangjin鱼市相关的店家。当用户进店以后，发现这是一家既干净又现代的全新鱼市，人们可以通过实时的屏幕显示看到当天鱼市的具体情况，进行下单购买和支付。Baby Noryangjin 可以用速递的方式把用户购买的食品快速送达，并且送递的包装非常干净、保鲜且实用。因此用户可以在第一时间享受到用新鲜食材烹饪出来的美食佳肴。此外，用户还可以通过参与当地的社区工坊和左邻右舍的朋友们进行分享和交流。这样的用户场景故事虽然不是遵照经典故事信息架构发展情节，但人物及其行为动作还有表情、情绪等都在场景故事板中进行了非常清晰的描绘和表达，有助于设计团队内部以及和更多利益相关者做沟通交流。感兴趣的朋友们可以去 Baby Noryangjin Fish 的网站上查看具体内容。

Baby Noryangjin Fish Market 这个服务设计是一个加入了数字技术的应用微型版 Noryangjin 鱼市。人们通过和触屏的交互来购买新鲜活鱼和蔬菜等食品并做线上支付，然后由物流送达到消费者手中。这种服务模式和我们国内的盒马有很多重合点，但又各具特色。

8.3.3　网银服务设计故事板

图 8.6 所示是消费者通过使用银行网银服务完成支付转账等任务的故事板。通过描绘六个最具代表性的场景，将银行服务的主要场景进行可视化表达，有助于观众快速了解网银服务以及其主要交互操作信息。

图 8.6　网银服务设计故事板（图片设计：何欣益）

8.4　本 章 小 结

本章节侧重从讲故事的角度来看服务设计。由于服务和服务设计的内在属性的影响，服务设计和体验密切相关，就必然需要应用讲故事来做设计辅助。无论服务设计的复杂程度如何，讲故事都是服务设计的有效工具和方法论指导。讲故事在服务设计的不同阶段可以以灵活的形式来应用，最常见的就是故事板。在设计调研阶段，服务蓝图的规划，以及用户交互场景的细节描绘等多个环节，故事板都可以以良好的视觉化表达来促进设计的交流和分享，辅助实现服务全新设计和完美体验的打造。

第9章 讲故事，做品牌设计和文创设计

故事力和故事思维以及体验经济的提出对文化创意产业的影响巨大。如今的品牌和文创领域都在讲述着各种品牌故事和文化故事。此外，讲故事已经开始直接介入品牌设计和文创设计的流程，并以其强大的影响力和感染力在促进品牌设计和文创设计实现民族文化的传承发展和创新设计等方面起着越来越重要的作用。

9.1 讲故事，做品牌设计

9.1.1 品牌设计

品牌这个词源自古代斯堪的纳维亚语中的 brandr，意为燃烧，是指生产者燃烧印章并烙印到产品上。现代营销学之父科特勒给品牌下的定义是"销售者向购买者长期提供的一组特定的特点、利益和服务"[159]。品牌如今已是一个在生活中时常被提及的词语。人们对品牌的认知也早已不局限于品牌标识（logo）、品牌的产品，而是围绕品牌的所有相关内容的组合，即包括了有形的、可视的部分，诸如品牌的产品、包装、视觉符号、广告等，也包括了与品牌相关的无形的服务、体验、价值、身份认同、口碑以及忠诚度等多方面。可以说品牌本质上基于逻辑定位，针对用户群体的需求，设计并提供具有创意形式和功能的、人性化的产品或服务，从而获得用户的认同。例如，一提到智能家居，人们会迅速想到小米品牌下的智能家居产品，例如智能安防产品、智能卫生产品等。星巴克咖啡是为人津津乐道的品牌范例，人们选择星巴克并不仅仅是因为星巴克咖啡的选材优质，冲泡出来的咖啡味道甘醇且细腻，更是因为星巴克传递出来的独特咖啡售卖文化和体验，星巴克总是在向消费者讲述着一个可以体验格调和咖啡文化的故事。星巴克对品牌的打造融合了视觉、听觉、味觉等多通道感官的感受，强调互动体验，成功与消费者产生情感共鸣，让人们在当下快节奏生活中可以悠闲感受一杯咖啡带来的丰富体验。

从众多知名品牌的成功经验来看，品牌要实现对消费者的认知影响并形成品牌影响力需要精心设计，即从品牌的创建开始，品牌各阶段的发展和不断进

化都需要做设计。品牌设计将品牌文化、理念、个性和价值通过设计品牌产品，提升品牌质量，设计品牌视觉符号系统，设计完善品牌服务，促进品牌传播等形式传递给消费者传递，从而建立起品牌和消费者之间的关联。因此，品牌设计在影响消费者对品牌和企业的认知，影响消费者的情感和体验，以及影响消费决策等多个方面的重要影响因素，是体现品牌综合品质的全面且系统化的考量。具体而言，品牌设计的主要内容是品牌的视觉系统设计，同时更是一个需要考虑产品-人-环境相互关系，将产品和服务进行融合，全面调动人的五感体验的系统的设计。

9.1.2　品牌设计要讲故事

众所周知，成功的品牌都需要设计，知名的品牌都善于讲故事。故事能拉近品牌和消费者的距离，建立深层联系。讲故事是品牌设计和传播的有效方法和重要环节。讲故事有助于维系品牌形象，让消费者对品牌的认知从情感和价值层面产生共鸣，从而增强对品牌文化和理念的理解和认同，有助于提升品牌信任度和忠诚度。

故事有人物有情节，有极强的画面感和感染力。讲故事的神奇效果就是能在一个个的情境中把包括情感、价值、心理活动在内的众多抽象内容进行解释和说明，令人思考，发人联想。因此，在品牌设计过程中，讲故事既是做设计的思路和方法，也是品牌展示以人为本、服务于人理念的最佳方式。从形式上看，通过讲故事做品牌设计，可以以视觉类的设计表达，例如故事板、静态海报广告、包装设计，甚至 logo 设计来实现，也可以充分运用新媒体的互动优势，例如影视类广告、短视频、动画等形式来实现。从内容上看，主要可以通过三种形式来实现：讲述品牌创立者的故事、讲述品牌 IP 故事和讲述与品牌相关的其他故事。

1. 讲述品牌创立者的故事

世界上有不少品牌的成功都和其创立者的故事相关，其中最具代表性的就是香奈儿。该品牌创始人香奈儿女士是法国时尚先锋领头人，她拥有耀眼的才华，对美学持有独特的见解，终身致力于时尚设计事业，创造了商业传奇。她的个人成长故事赋予了香奈儿品牌以追求高贵优雅的迷人范儿和精致感的品牌文化的定位。香奈儿品牌设计无论是其品牌名称和 logo 设计，还是品牌的视觉表达设计，甚至包括服装和化妆品在内的产品设计，无不与香奈儿女士的传奇故事相关，通过创立者的故事打造高贵、优雅、精致、迷人的先锋时尚品牌形象。

2. 讲述品牌 IP 故事

讲述品牌 IP 故事也是通过讲故事做品牌设计的重要方法。在如今泛 IP 时代，品牌设计大多都会打造一个或萌或酷、或憨或呆、或燃或丧的 IP 形象，并通过讲述这个 IP 形象的故事来传递品牌的文化和理念。在创新设计中，包括 IP 的人物形象设计、服装设计、表情包设计、潮玩设计，以及基于 IP 形象所做的海报广告设计、包装设计、Web 端设、移动端设计等都可以被纳入品牌设计的范畴内。正如广告教父大卫·奥格威所说，品牌是一种错综复杂的象征，因消费者对其印象和自身经历而界定[171]。品牌 IP 是消费者的缩影，因此品牌 IP 故事能投射出消费者对品牌的印象和认知，因此对品牌设计有着十分重要的影响和意义。代表性的案例包括麦当劳、肯德基、康师傅等。国内品牌江小白的品牌 IP 故事也是用讲 IP 故事来做品牌设计的非常有参考价值的成功案例之一。

江小白本是一个国内白酒品牌。对年轻群体而言，白酒的市场状况相较于啤酒，红酒等其他酒类普遍偏弱，大多数年轻人对白酒相对无感。为了更好地直击年轻消费群体，品牌方设计打造了文艺青年江小白这个 IP 形象。这个 IP 形象和前面介绍的用户体验设计中的人物角色类似，本质上就是目标用户的画像。将目标用户年轻人群的特点整合到一个卡通 IP 形象上，让年轻人群用户看到这个 IP 形象就情不自禁地自我代入，促进了情感共鸣。同时以视觉故事板为主要表达形式，讲述了这个文艺青年江小白的一系列故事，展示了 IP 人物形象江小白和酒的互动场景来渲染气氛，表达 IP 人物江小白的情绪和经历，从而很容易引起目标用户的情感共鸣。

江小白 IP 故事在品牌广告页面的设计中配合广告文案被连续表达，让故事形成一个完整系列，成功将目标用户文艺青年的形象投射出来，迅速抓住了年轻人的情感共鸣点，赢得了不少粉丝。与此同时，江小白的 IP 故事都是一个个的小场景，以用户为中心、树立轻口味、更轻松的白酒品牌定位，唤起消费者的共情，让文艺青年江小白成为超级 IP 人设。江小白正是以包含鲜活的故事人物，生动而具体的场景和情节的故事来将品牌设计做到一个新高度，并以 MV、IP 动画、影视觉合作以及音乐节等形式讲述江小白 IP 故事，并将其迅速有效地传播出去，对品牌的传播和发展都起到了重要的推动作用。

3. 讲述品牌相关的其他故事

品牌设计是系统工程，是将品牌品名（品牌名称，名字）、品记（品牌标志 logo、IP 形象）、品类、品质、品性、品位、品德等品牌元素进行综合表达的实现方式。在品牌设计中，通过讲述上述两大类型的故事有效实现对品名、品记、品类、品位等品牌要素的定位和设计表达，还可以通过讲述品牌相关的其他故事来实现对品牌元素的设计和传递。这些故事是在品牌创立以及发展历程中相关的故事或关键事件，都可以作为品牌系统设计的一部分，促进品牌的传播，提高消费者对品牌的忠诚度。故事化的传播容易让人产生共情和共鸣，印象深刻，能赋予品牌更多人文特征，让消费者对品牌的认知更加多维度和多元化。典型的案例包括 Airbnb 的品牌故事，阿迪达斯品牌故事，星巴克品牌故事，苹果品牌故事以及海尔品牌故事等。

以阿迪达斯品牌设计为例，其品牌名字是由创办人用其名字 adi 和姓氏 Dassler 的头三个字母组成，合成 adidas 的品牌名和 logo 设计。品牌创建的梦想就是"为运动家们设计制作出最合适的运动鞋"，在这个品牌理念指导下，在随后的多年品牌开发设计中，阿迪达斯一直致力于运动鞋的产品设计和品质提升，通过一个个运动员穿上阿迪达斯运动鞋在奥林匹克竞技场上的成功故事为品牌的设计发展带来了更多的机会。与此同时，阿迪达斯的品牌设计充分应用各种形式的故事，例如创意短片、广告，以及鞋面设计等形式，来讲述不同主题的品牌产品故事。例如 2022 年度复古篮球鞋品牌设计中，用大量的广告视觉设计来讲述年轻人 Z 世代群体同频好友之间一呼百应的体验故事，体现了面向年轻群体的运动休闲品牌的品牌理念以及跨界合作一呼百应的品牌文化。作为年轻人的品牌，产品设计及其匹配的品牌宣传设计，讲述年轻人自己的故事便是实现和年轻消费群体的情感沟通和品牌价值输出的好方式。

另外，宜家的品牌设计也是值得一提的案例。宜家品牌设计始终保持北欧特色的生活美学，打造性价比高的优秀家居设计，将斯堪的纳维亚设计观念传播到世界各地。宜家实体店将空间一个个分隔开，打造单独空间的家居设计效果，用空间设计和家居设计的整合形式向消费者们讲述着一个个的故事。这些故事可以是婴儿房里发生的妈妈和小宝贝在宜家家居空间里互动的故事，也可以是书房里爸爸如何更好地指导孩子学习作业的故事……这些故事也随着宜家家居空间和家居设计的不同而在不停地变化，从而产生出新的故事。这种通过讲故事做品牌设计的形式独具特色，还能让消费者参与故事的编写，参与宜家家居品牌文化的共同设计，让消费者在最大程度上体验和感受品牌文化，实现对宜家品牌文化的深层次理解和情感共鸣。

综上所述，讲故事不仅是品牌营销策略，更是品牌设计的思路和方法。通过讲故事做品牌设计既可以通过静态视觉设计表现也可以应用新媒体互动设计实现。无论讲述何种形式何种内容的故事，都将有助于塑造独特的品牌个性和文化，突显品牌的特色产品和服务，彰显品牌的社会责任和价值。通过讲故事做品牌设计，本质上是品牌理念的传达和运用故事思维表达的综合应用，是实现品牌设计、打造超级品牌的有效方式。

9.2 讲故事，做文创设计

9.2.1 文创设计

文创设计从字面意思来看，即对文化进行创意设计，是在文化创意产业化的时代大背景下，运用设计来演绎文化，传承文化和发展文化。早在 1998 年，英国就制定了创意产业纲领文件，对文化创意开始了产业化的政策规划。2000年联合国教科文组织出版《文化、贸易和全球化：问题与答案》一书对文化创意产业及相关问题进行权威界定。我国自 2014 年发布《国务院关于推进文化创意和设计服务于相关产业融合发展的若干意见》，随后文化和旅游部、科技部等都竞相发布多个相关文件，大力推进文创产业的发展。文创设计如今风靡全球，在国内外都已经得到足够的重视并竞相发展起来，呈现百花齐放、百家争鸣的面貌。

我们之所以要做文创设计，是因为文创设计是通过创新创意设计的方式给历史文化和传统文化注入新思想、新时尚、新活力、新文化和新的情感体验，有助于传承文化，激活大众的情感。文化是人类精神活动和产品的统称，包括地域文化、民族文化、传统文化和当代文化。文化以各种形式被记录和传承，例如文字、符号、图形、图纹、文学作品、影视剧作品、音乐作品、故事、产品、建筑以及空间等。而设计是实现文化传承和创新的主要方式，是推动文创产业发展的主要途径。因此，文创设计有助于提升大众对特定文化的认知和理解，感受创新设计带来的思维碰撞等多方面的价值体验，对年轻一代的教育沟通、文化交流、价值输出，以及促进地方社会文化经济发展等多方面都具有重要促进作用。

文创设计包括多方面的内容，例如产品设计、文创 IP 设计、文创潮玩设计、服装设计、建筑和空间设计等。如今，文创设计还被注入了品牌设计的理念，实现了文创品牌的整合开发设计，也出现了一大批代表性的创意文创品牌设计作品和案例，例如故宫文创设计、敦煌文创设计等，都为文创设计注入了新活力，增添了新内容和新形式。

文创设计，以文化为本为源，以设计为实现方式，兼具文化性和艺术性，纪念性和实用性，地域性和民族性，以及经济性和时代性的特征[172]。文化对我们每个人的意义和影响都不同，而我们每个人在感知和认识理解文化上也各有不同。文创设计既可以是面向大众的普惠设计，也可以是针对特定目标人群的小众文创特色设计。因此文创设计需要在满足需求的前提下进行有方向有目的的创新探索，要兼顾美观和实用的原则，协调功能性和趣味性考虑，平衡传统因子和时尚元素的融合，注重对消费者或用户在情感上的互动共情和体验感受，因此需要在以人为本的设计理念的指导下进行。

9.2.2 做文创设计需要讲故事

我们之所以提倡通过讲故事来做文创设计，基于两个方面的考虑。

一方面，文创设计具有文化性，需要研究文化，提炼文化内涵。正如尤瓦尔·赫拉利在《人类简史》[173]中指出的，人类之所以能主宰地球，传承和发展文化，可归因于人类能创造并相信故事。故事隐含了文化基因，故事是文化中的重要组成部分和传播机制。因此，研究文化离不开讲故事。文创设计的背后是对文化和故事的承载。人们关注喜欢并购买各种文创设计产品，其实买的更是由文化、故事以及情感和体验的多元组合而产生的全新价值。

另一方面，文创设计属于设计范畴，需要兼顾艺术审美和消费需求，因此需要研究目标受众，挖掘需求内容，提炼受众偏好，这样才能找到文创设计在以人为本原则下的设计突破口和方向。讲故事对于用户研究和体验设计具有积极的促进和辅助作用，是可以有效发现问题并解决问题的方法论指导。此外，文创设计也强调娱乐化、互动性和趣味性体验，讲故事可以通过多种形式来实现，从而让人们在各种形式的故事中理解文化内涵，了解文创设计的价值。

可见，讲故事对文创设计有着重要促进作用，那么具体该如何讲故事呢？从文创设计的内容和形式来看，它所涵盖的插画设计、信息图形设计、海报广告设计、视频设计、动画设计中都可以加入故事板进行设计制作，让静态视觉设计和互动设计都可以实现对人物角色和场景以及故事情节的综合考虑。从文创设计的内容种类来看，文创产品类的设计、文创 IP 形象设计及周边设计（包括表情包设计、潮玩设计、虚拟数字人等）、服装设计、空间设计等也都可以基于讲故事的方法论指导具体展开。此外，通过讲故事做文创设计，既可以重新演绎文化故事，也可以基于对文化内涵的理解设计出 IP 形象，然后围绕 IP 形象讲述相关故事并融入体验和需求方面的考虑，以视觉设计呈现故事。目前国内文创设计，尤其是在讲故事做文创设计方面，以各大博物馆的文创设计开发为主，情况整体向好。代表性的设计案例有故宫博物院文创设计。

故宫博物院是国内数一数二的大型博物馆，其体量大，内容资源丰富，文化特点明显。故宫博物院文创设计极具特色，是传统文化和时代精神契合的代表。故宫博物院收藏的北宋山水画《千里江山图》被设计成舞蹈的形式搬上了春晚舞台，让众多华夏儿女看到了通过舞蹈的方式演绎的文化故事。此外，故宫博物院还打造了沉浸艺术展，通过数字艺术的形式讲述故事，让参观者画游千里江山，即使远隔千里万里，也能切身感受这幅艺术瑰宝所传递出来的文化内涵和中国风格。此外，还用《千里江山图》的元素设计了旅行茶具产品、丝巾、手表盘面等产品。用舞蹈表演和数字艺术展以及各种形式的文创设计重新演绎传统文化故事，极大地提升了人们对文化的认识和理解。另外，故宫博物院深挖明清皇家文化元素，设计了文创 IP 形象及其周边产品，例如翠玉白菜阳伞、朝珠耳机等将故宫的建筑、文物以及背后的故事，以现代人喜欢的时尚表达形式，设计出一整套具有故宫文化内涵和鲜明时代特色，且兼顾消费者需求，受到大众喜爱的故宫文化元素文创系列作品。

9.3 本 章 小 结

本章主要对通过讲故事做品牌设计和文创设计进行了介绍，旨在说明讲故事对于做品牌和文创设计的重要意义。讲故事作为一种设计思维和方法，可以有效地实现对传统文化和品牌文化及理念的分析整理，提取可用要素为设计所用，并用故事人物和场景化的表达展现细节，激发情感，提升体验。讲故事同时又是品牌设计内容和文创设计内容的表达方式，可以通过多种形式来实现讲故事，从而达到促进品牌的设计发展和传播，促进理解文创文化，挖掘文化内涵等多方面的目的。想要做好品牌设计和文创设计，讲故事就是最好且最实用最有效的方式。

此外，相较用户体验设计、交互设计和服务设计而言，讲故事方法在品牌设计、文创设计，以及视觉信息设计中的应用常会用视觉效果更好的插画场景故事的形式来实现。插画故事场景的画面内容和色彩都更加丰富，还可以进行二维和三维的展现（图 9.1，图 9.2），这和视觉传达设计中广告讲故事有异曲同工的效果。图 9.1 是笔者指导学生完成的视觉信息图形设计，用一个页面汇聚多个 2D 场景的形式来讲述 Z 世代青年人"朋克养生"的故事。图 9.2 是笔者指导学生完成的视觉信息图形设计，用 2.5D 插画的形式讲述了"我的埃及之旅"的故事。画面内容丰富、色彩鲜明，用非常多的场景细节的设计来讲述埃及之旅从开始做旅行计划，到机场出发，再到旅游地点参观等的旅行故事。

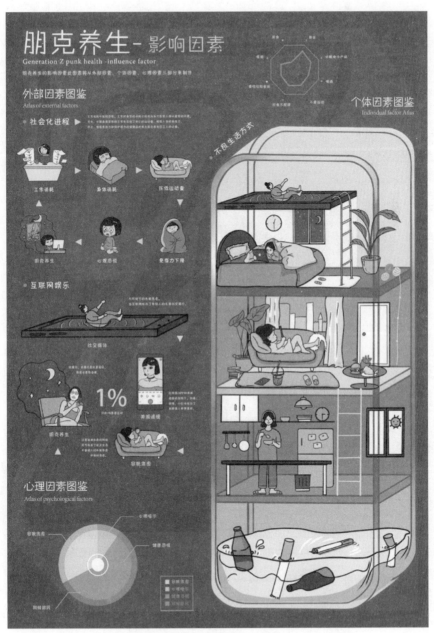

图 9.1　Z 世代养生视觉信息图故事（图片设计：周青青）

图 9.2　"我的埃及之旅"视觉信息图故事（图片设计：陆莹玺）

　　总体而言，讲故事的方法可以应用在几乎所有的设计领域中，包括建筑设计、空间设计和环艺设计等。但由于不同设计领域的重点不同，讲故事的实现形式也多种多样，或静态或动态，二维或三维。对设计师而言，在设计中应用讲故事不应该被局限在画故事板和插画这个层面，而应该被视为一种设计思维和方法论，需要在不同设计领域，应不同设计要求进行灵活应用。

第 10 章 结 语

10.1 下一个路口，未来设计，元宇宙

当未来设计和元宇宙的概念被提出的时候，讲故事做设计已经被赋予了更新更丰富的内容。未来虽不可知，但可期可设计。元宇宙为人们从现实生活中脱离出来，去另一个"世界"体验和感受不同人生提供了机会。因此，人们可以对未来和元宇宙做无尽的畅想，而故事在探索未来和平行世界这些前瞻性课题上具有得天独厚的优势。故事本身所具有的虚构性和想象性等特质为展望未来、为未来做设计提供了可能和空间。

从设计的角度来看，设计可以发现问题、解决问题，从而引领并创造一种更新更好的生活方式。关于未来的设计愿景可以被描绘得很宏大很美好，但是设计需要一点点地实施和落实。讲故事为设计提供了探索空间，可以协调设计进程中的众多问题，特别有助于探索对于未知状况的各种可能性。设计师们可以通过创建故事人物、场景情境和编写故事情节，来预测未来场景中可能发生的问题，从而提前提出可能的解决方案。

下一个路口，是有关未来的一切探索，也正是可以充分利用讲故事来做设计，从而实现探索未来设计和元宇宙设计的有效方式。我们也将在讲故事做设计这条路上继续前行，结合前人的研究基础，摸索数字时代网络技术带来的全新设计革命。

10.2 研 究 展 望

讲故事做设计是个既新又不新的话题，从本书第 5 章的文献综述来看，学界对讲故事做设计给予了高度的重视，并对其价值给予了充分的肯定。但文献也相对缺乏对于讲故事做设计的实证性研究。本研究的初衷也是希望能填补这方面的研究空白，调研并收集设计从业者们的意见和建议，并做了方法工具设

计开发的尝试。在本书中也汇报了部分研究结论。但限于时间等相关方面的考虑，对于讲故事做设计的探索还有待继续和深化。今后笔者也将继续致力于围绕故事和创新设计所展开的相关研究，也将会重点关注对实用工具的电子化平台的开发设计，以及对通过讲故事辅助设计的实证性论证研究。

参 考 文 献

[1] 丹尼尔·平克. 全新思维：决胜未来的 6 大能力[M]. 高芳，译. 杭州：浙江人民出版社，2013.

[2] 付志勇，夏晴. 设计思维工具手册[M]. 北京：清华大学出版社，2021.

[3] Peng Q, Martens J B.Why（not） Adopt Storytelling in Design?. Marcus, A., Rosenzweig, E. (eds). Design, User Experience, and Usability. Interaction Design. HCII 2020[C]. Switzerland: Springer, Cham, 2020: 224-239.

[4] Danko S, Humanizing Design through Narrative Inquiry. Journal of Interior Design[J]. 2006, 31(2): 10-28.

[5] Erickson T, Design as Storytelling. Interactions[J]. 1996, 3(4): 30-35.

[6] Parrish P, Design as Storytelling. TechTrends[J]. 2006, 50(4): 72-82.

[7] Bertolotti E, Daam H, Piredda F&Tassinari V.The Pearl Diver: The Designer as Storyteller[M]. Italy, Milano: DESIS Network Association-Dipartimento di Design, Politecnico di Milano, 2016.

[8] 迈克尔·勒威克，帕特里克·林克，拉里·利弗. 设计思维手册：斯坦福创新方法论[M]. 高馨颖，译. 北京：机械工业出版社，2019.

[9] 托马斯·洛克伍德. 设计思维：整合创新、用户体验与品牌价值[M].李翠荣，李永春等，译. 北京：电子工业出版社，2012.

[10] 哈索·普拉特纳，克里斯托夫·迈内尔.斯坦福设计思维课[M]. 北京：人民邮电出版社，2019.

[11] DeLarge C A, Storytelling as a critical Success Factor in Design Procvesses and Outcomes, Design Management Review[J]. 2004, 15(3): 76-81.

[12] Quesenbery W, Brooks K.Storytelling for user experience: Crafting stories for better design[M]. New York: Rosenfeld Media, 2010.

[13] A Gausepohl, KWWinchester, L. Smith-Jackson，T., M KleinerB &D. Arthur J. A conceptual Model for the Role of Storytelling in Design: Leveraging Narrative Inquiry in User-centredDesign（UCD）[J]. Health and Technology, 2016, 6(2): 125-136.

[14] Gruen D, Rauch T,Redpath S &Ruettinger S.The Use of Stories in User

Experience Design[J]. International Journal of Human-Computer Interaction, 2002, 14(3-4): 503-534.

[15] Gruen D.Beyond Scenarios: The Role of Storytelling in CSCW Design. Cambridge: Lotus Research Technical report00-02 [R]. IBM Watson Research Center. Cambridge, Michigan, 2000.

[16] Stickdorn M, Schneider J, Andrews K&Lawrence A.This is Service Design Thinking: Basics, Tools, Cases[M]. Hoboken, NJ: Wiley, 2011.

[17] Gruen D. Stories and Storytelling in the Design of Interactive Systems. Pros. of the 3rd conference on Designing interactive systems[C]. New York: Association for Computing Machinery, 2000: 446-447.

[18] Garcia A C B, Carretti C E，Ferraz I N&Bentes C. Sharing Design Perspectives through Storytelling[J]. AI EDAM, 2002, 16(3): 229-241.

[19] Lloyd P. Storytelling and the Development of Discourse in the Engineering Design Process[J]. Design studies. 2000, 21(4): 357-373.

[20] Lloyd P, Oak A.Cracking open Co-Creation: Categories，Stories，and Value Tension in a collaborative Design Process[J]. Design Studies. 2018, 57: 93-111.

[21] Beckman S, Barry M. Design and Innovation through Storytelling[J]. International Journal of Innovation Science.2010, 1(4):151-160.

[22] ForlizziJ and Ford S.The building Blocks of Experience: An Early Framework for Interaction Designers. Pros. of the 3rd conference on Designing interactive systems: processes，practices, methods, and techniques[C]. New York: Association for Computing Machinery, 2000: 419-423.

[23] Fritsch J,Judice A,Soini K&Tretten P. Storytelling and repetitive narratives for design empathy: case Suomenlinna.Pros. of Nordes 2007, Design inquires N.2[C]. Stockholm, Sweden: University of Arts, Crafts and Design, 2007: 1-6.

[24] Gruen D. Storyboarding for design: An overview of the Process.Lotus Research Technical report00-02[R]. Cambridge, MA, USA. 2000.

[25] Buxton B.Sketching User Experiences: Getting the Design Right and the Right Design[M]. Massachusetts, San Francisco: Morgan Kaufmann, 2010.

[26] Peng Q, Practice Storytelling in Design with Pitchify[D]. Eindhoven, Netherlands. Eindhoven University of Technology. 2022.

[27] 刘兰兰，蒋晓，李世国. 情境故事法在产品开发设计中的应用[J]. 包装工程，2007，12：233-235.

[28] 黄佳智. 基于情境故事法的新能源汽车设计研究[D]. 成都：西南交通大学，2020.

[29] 谢哲瑾. 用户体验设计中的故事化思维理论与方法研究[D]. 北京.北京印刷学院，2021.

[30] 张旭. 用户体验设计中的故事效应[J]. 艺术设计，2015，4：58.

[31] 吴剑斌. 用户体验设计中的故事方法研究[D]. 无锡.江南大学，2018.

[32] 姜颖. 写故事，做设计.装饰[J]. 2006，2：116-117.

[33] 余德彰，林文绮，王介丘. 剧本导引（scenario-oriented design）资讯时代产品与服务设计新法[M]. 台北：田园城市文化事业有限公司，2000.

[34] 戴力农. 设计调研[M]. 2 版. 北京：电子工业出版社，2016.

[35] Wilkinson，S. Focus Group Methodology: AReview[J]. International Journal of Social Research Methodology,1998, 1(3): 181-203.

[36] Almalki S.Integrating Quantitative and Qualitative Data in Mixed Methods Research-Challenges and Benefits[J]. Journal of Education and Learning, 2016, 5(3): 288-296.

[37] Clarke A M, Jack B.The Benefits of Using Qualitative Research[J]. Professional Nurse, 1998, 13(12): 845-847.

[38] Van Den Hoven E, Frens J, Aliakseyeu D, Martens J B, Overbeeke K&Peters P. Design Research & Tangible Interaction.Proceedings of the 1st International Conference on Tangible and Embedded Interaction[C]. New York: Association for Computing Machinery, 2007:109-115.

[39] Fallman D. Why Research-Oriented Design isn't Design-Oriented Research: On the Tensions between Design and Research in an implicit Design Discipline[J]. Knowledge, Technology & Policy, 2007, 20(3): 193-200.

[40] Visser W.Schön: Design as a Reflective Practice[J]. Collection,2010, 2: 21-25.

[41] 尤瓦尔·赫·利. 人类简史：从动物到上帝[M]. 北京：中信出版社，2017.

[42] 许道军. "故事"是什么:论故事材质[J]. 写作，2016，1：15-19+41.

[43] A. D. 霍恩比. 牛津高阶英语辞典[M]. 10 版. 北京：商务印书馆，2021.

[44] 里蒙·凯南. 叙事虚构作品[M]. 姚锦清，译. 北京：生活·读书·新知三联书店，1989

[45] 热拉尔·热奈特. 叙事话语新叙事话语[M]. 王文融，译. 北京：中国社会

科学出版社，1990.

[46]　詹姆斯·费伦. 作为修辞的叙事：技巧、读者、伦理、意识形态[M]. 陈永国，译. 北京：北京大学出版社，2002.

[47]　西摩·查特曼. 故事与话语：小说和电影的叙事结构[M]. 徐强，译.北京：中国人民大学出版社，2013.

[48]　严冉. 化为品牌故事化传播研究[D]. 石家庄：河北师范大学，2020.

[49]　罗伯特·麦基，托马斯·格雷斯. 故事经济学[M]. 陶曚，译. 天津：天津人民出版社，2018.

[50]　罗伯特·麦基. 故事：材质、结构、风格和银幕剧作的原理[M]. 周铁东，译. 天津：天津人民出版社，2016.

[51]　克兰迪宁，康纳利. 叙事探究：质的研究中的经验和故事[M]. 张园，译. 北京：北京大学出版社，2008.

[52]　Pentland B T. Building Process Theory with Narrative: From Description to Explanation[J]. Academy of management Review.1999, 24(4): 711-724.

[53]　司马迁. 史记.太史公自序[M]. 北京：中华书局，2006.

[54]　中国百科全书[M]. 北京：线装书局，2012.

[55]　陈至立. 辞海[M]. 7 版. 上海：上海辞书出版社，2020.

[56]　黄光玉. 说故事打造品牌：一个分析的架构[J]. 广告学研究，2006，26：1-25.

[57]　麦成辉. 讲出一个精彩的故事：获得"故事技能"的关键 7 步[M]. 长沙：湖南文艺出版社，2017.

[58]　高琳，林宏博. 故事力[M]. 北京：中信出版社，2020.

[59]　BerkeAtasoy. Applying Storycraft to Facilitate an Experience-centric Conceptual Design Process[D]. Eindhoven, the Netherlands. Eindhoven University of Technology. 2020.

[60]　Madsen S and Nielsen L. Exploring Persona-Scenarios-Using Storytelling to Create Design Ideas. IFIP Advances in Information and Communication Technology[C]. Heideberg: Springer Berlin, 2009: 57-66.

[61]　MaslowAH. A Theory of Human Motivation[J]. Psychological Review, 1943, 50(4): 70-96.

[62]　Hassenzahl M, Diefenbach S & Göritz A. Needs, Affect, and Interactive Products—Facets of User Experience[J]. Interacting with computers. 2010, 22(5): 353-362.

[63] 默里·诺塞尔. 如何讲好一个故事：引爆说服力的故事思维训练法[M].叶红卫，刘金龙，译. 北京：中信出版社，2019.

[64] 吉姆·西诺雷利. 认同感：用故事包装事实的艺术[M]. 刘巍巍等，译.北京：九州出版社，2016.

[65] Booker C. The Seven Basic Plots: Why We Tell Stories[M]. Edinburgh: A&C Black, 2004

[66] 刘若华. 故事化叙事与广告传播研究[D]. 长春：吉林大学，2017.

[67] Hammond SP. Children's Story Authoring with Propp's Morphology[D]. Edinburgh. University of Edinburgh. 2011.

[68] Campbell J. The Hero's Journey: Joseph Campbell on his Life and Work[M]. Novato, California: New World Library, 2003.

[69] Hiltunen A.Aristotle in Hollywood: The Anatomy of Successful Storytelling [M]. Bristol, UK: Intellect Books, 2002.

[70] Freytag G.Technique of the drama: An Exposition of Dramatic Composition and Art[M]. Chicago: S.C. Griggs& Company, 1895.

[71] Larson S. The Narrative Structure and Antiwar Discourse of Born on the Fourth of July: Screenlay and Film[J]. Journal of Adaptation in Film& Performance. 2013, 6(1): 27-41

[72] Duarte N. Resonate: Present Visual Stories that Transform Audiences. New Jersey: John Wiley & Sons Inc., 2010.

[73] Quesenbery W, Brooks K.Storytelling for User Experience: Crafting Stories for better Design. New York: Louis Rosenfeld, 2010.

[74] Field S. Screenplay: The foundations of screenwriting[M]. Revised Edition. McHenry, IL USA: Delta Publishing, 2005.

[75] Glebas F.Directing the Story: Professional Storytelling and Storyboarding Techniques for live Action and Animation. New York: Routledge, 2012.

[76] 诺曼. 情感化设计[M]. 付秋芳，程进三，译. 北京：电子工业出版社，2005.

[77] 马克特纳. 文学思想：思想与语言的起源[M]. 牛津，英国：牛津大学出版社，1996.

[78] 安妮特·西蒙斯. 故事思维[M]. 俞沈彧，后浪，译. 南昌：江西人们出版社，2017.

[79] 保罗·史密斯. 故事赋能：12个场景打造职场高光时刻[M]. 信任，译.北京：中国友谊出版公司，2021.

[80] 保罗·史密斯. 销售就是卖故事. 北京：北京联合出版公司，2017.

[81] 唐纳德·米勒. 你的顾客需要一个好故事. 北京：中国人民大学出版社，2018.

[82] 卡迈恩·加洛. 会讲故事才是好演讲. 北京：中信出版社，2018.

[83] 肖建刚. 故事思维在语文课堂教学中的应用[J]. 黑龙江科学，2018，14（9）：62-63.

[84] N·拉姆纳尼，A·M·欧文. 前额叶前部的功能：解剖学与神经影像洞察[J]. 脑科学国家评论，2004，(3).

[85] 安东尼塔斯加尔. 故事力思维[M]. 杨超颖，译. 北京：中国友谊出版公司，2019.

[86] SimonH A. The Sciences of the Artificial[M]. 3rd edition. Cambridge, MA: MIT press, 1969.

[87] BrownT. Design Thinking[J]. Harvard business review. 2008, 86(6): 84-92.

[88] BuchananR. Wicked problems in design thinking[J]. Design issues. 1992, 8(2): 5-21.

[89] D. school: institute of design at Standford[EB/OL]. [2016-10-18]. http://dschoo1.stanford.edu/

[90] BrownT. Change by design [M]. NewYork: HarperBusiness, 2009

[91] 李彦，刘红围，李梦蝶，等. 设计思维研究综述[J]. 机械工程学报，2017，15：1-20.

[92] 杨一帆，程鲲，尹显明. 基于设计思维的工业设计教育改革研究[J]. 工业设计，2022，2：34-36.

[93] 加斯帕·L. 延森，孙志祥，辛向阳. 深层体验设计[J]. 创意与设计，2016，6：4-13.

[94] 布鲁斯·布朗，理查德·布坎南，卡尔. 迪桑沃，丹尼斯·当丹，维克多·马格林. 设计问题——创新模式与交互思维[M]. 孙志祥，辛向阳，译.北京：清华大学出版社，2016.

[95] 布鲁斯·布朗. 设计问题-本质与逻辑[M]. 孙志祥，辛向阳，译. 南京：江苏凤凰美术出版社，2021.

[96] 黄峰，赖祖杰. 体验思维[M]. 天津：天津科学技术出版社，2020.

[97] IDEO 设计思维网站[EB/OL] https://www.ideou.com/pages/design-thinking

[98] DalsgaardP. Instruments of inquiry: Understanding the nature and role of tools in design. International Journal of Design[J]. 2017, 11(1): 21-33.

[99]   Parrish P. Design as storytelling.TechTrends[J]. 2006, 50(4): 72-82.

[100]   Peng Q, Martens J B. Requirements gathering for tools in support of storyboarding in user experience design. Proceedings of the 32nd International BCS Human Computer Interaction Conference [C]. Swindon, UK: BCS Learning & Development Ltd, 2018: 1-10

[101]   Tanenbaum T J. Design fictional interactions: why HCI should care about stories.Interactions[J]. 2014, 21(5): 22-23.

[102]   Rosson M B, Carroll J M. Usability Engineering: Scenario-based Development of Human-Computer Interaction[M]. Massachusetts: Morgan Kaufmann, 2002.

[103]   Suri J F, Marsh M. Scenario Building as An Ergonomics Method in Consumer Product Design[J]. Applied Ergonomics. 2000, 31(2): 151-157.

[104]   Nardi B A. The Use of Scenarios in Design[J]. ACM SIGCHI Bulletin. 1992, 24(4): 13-14.

[105]   Pruitt J, Adlin T. The Persona Lifecycle: Keeping People in Mind Throughout Product Design[M]. San Francisco, CA: Elsevier, 2010.

[106]   Patton J,User Story Mapping: Discover the Whole Story, Build the Right Product[M]. Sebastopol, CA: O'Reilly MediaInc., 2014.

[107]   服务设计工具[EB/OL]https://servicedesigntools.org/

[108]   Peng Q.Storytelling Tools in Support of User Experience Design. Proceedings of the 2017 CHI Conference Extended Abstracts on Human Factors in Computing Systems[C]. New York: SIGCHI, 2017: 316-319.

[109]   孙颖莹. 以剧本引导法开发数字交友产品的应用研究与实践[D]. 杭州：浙江理工大学，2010

[110]   罗红艳. 基于用户心理模型的移动协同软件剧本导引设计方法研究[D]. 长沙：湖南大学，2013.

[111]   Suchman L A. Plans and Situated Actions: The Problem of Human- Machine Communication [M]. NY USA: Cambridge university press, 1987.

[112]   林荣泰. 修齐治平：文化创意平天下[M]. 新北，台湾：宇晟企业有限公司，2014.

[113]   Verplank W, Fulton J, Black A, Moggridge W. Observation and Invention: The Use of Scenarios in Interaction Design. Tutorial at INTERCHI'93[C]. NY USA: ACM Press, 1993.

[114] Atasoy B, Martens J B. STORIFY: a tool to Assist Design Teams in Envisioning and Discussing User Experience.CHI'11 Extended Abstracts on Human Factors in Computing Systems[C]. NY USA: ACM Press, 2011: 2263-2268.

[115] Liedtka J, Ogilvie T.Ten Tools for Design Thinking.Technical Note UVA-BP-0550. Darden Business Publishing, 2010.

[116] Beckman S, Barry M.Design and Innovation through Storytelling[J]. International Journal of Innovation Science. 2019, 1(4): 151-160

[117] GruenD. Storyboarding for Design: An Overview of the Process. Cambridge: Lotus Research [R]. IBM Research Collaborative User Experience Technical Report 00-03. Cambridge: Watson Research Center, 2000.

[118] LichawD. The User's Journey: Storymapping Products That People Love[M]. NewYork: Louis Rosenfeld, 2016.

[119] ChomaJ, Zaina L A, Beraldo D. UserX Story: Incorporating UX Aspects into User Stories Elaboration.International conference on human-computer interaction [C]. Switzerland: Springer International publishing, 2016: 131-140.

[120] Dindler C, Iversen O S.Fictional Inquiry—Design Collaboration in a shared narrative space[J]. CoDesign. 2007, 3(4): 213-234.

[121] Beck E, Obrist M, Bernhaupt R, Tscheligi M. Instant Card Technique: How and Why to Apply in User-centered Design. Proceedings of the Tenth AnniversaryConference on Participatory Design 2008[C]. Indianapolis, IN, USA: ACM NY, 2008: 162-165.

[122] Kankainen A, Vaajakallio K, Kantola V, Mattelmäki T.Storytelling Group–a Co-Design Method for Service Design.Behaviour& Information Technology [J]. 2012, 31(3): 221-230.

[123] Truong K N, Hayes G R, Abowd G D. Storyboarding: An Empirical Eetermination of Best Practices and Effective Guidelines. in Proceedings of the 6th conference on Designing Interactive systems[C]. NY, USA: ACM, 2006:12-21.

[124] Sova R, Sova D H.Storyboards: A Dynamic Storytelling Tool. In Proceedings of the 2006 UPA conference on Usability through storytelling [R]. Seattle WA: Sova Consulting Group, Tec-Ed Inc. , 2006.

[125]　HartJ. The Art of the Storyboard: A Filmmaker's Introduction[M]. New York: Elsevier, 2013.

[126]　玛丽昂·沙罗，珍妮弗·约翰逊. 故事板演讲术[M]. 胡晓琳，译. 北京：机械工业出版社，2021.

[127]　YusoffM, SalimS S. A Review of Storyboard Tools, Concepts and Frameworks. International Conference on Learning and Collaboration Technologies [C]. New York: Springer, 2014:73-82.

[128]　Landay J A, Myers B A. Sketching Storyboards to Illustrate Interface Behaviors. Conference Companion on Human Factors in Computing Systems[C]. New York: ACM, 1996: 193-194.

[129]　Shi Y, CaoN, Ma X, Chen S, Liu P. EmoG: Supporting the Sketching of Emotional Expressions for Storyboarding.in Proceedings of the 2020 CHI Conference on Human Factors in Computing Systems[C]. New York: ACM, 2020: 1-12.

[130]　Lin J，Newman M W，Hong J I，Landay J A.DENIM: Finding a tighter fit between tools and practice for web site design.in Proceedings of the SIGCHI conference on Human factors in computing systems[C]. New York: ACM, 2000: 510-517.

[131]　Shin M, Kim B, Park J. AR Storyboard: An Augmented Reality based Interactive Storyboard Authoring Tool.Proceedings of Fourth IEEE and ACM International Symposium[C]. 2005: 198-199.

[132]　B·约瑟夫·派恩，詹姆斯 H·吉尔摩. 体验经济[M]. 珍藏版. 毕崇毅，译. 北京：机械工业出版社，2021.

[133]　NormanD, Miller J, Henderson A. What you see，some of what's in the future，and how we go about doing it: HI at Apple Computer. CHI'95 Conference on Human Factors in Computing Systems[C]. New York: ACM, 1995: 155.

[134]　ISO 9241-210: 2019. Ergonomics of human-system interaction-Part 210: Human-centred design for interactive systems. [S/OL]. [2019-07]. https://www. iso.org/standard/77520.html

[135]　SalimianRizi M, Paknejad F, SalimianRizi R, KoleiniMamaghaniN. Story-based Design: A Research on Narrative Packaging Design. International Journal of Architectural Engineering & Urban Planning, 2022,

32(1): 1-11.

[136] Hassenzahl M.Experience Design: Technology for All the Right Reasons[M]. California,USA: Morgan & Claypool, 2010.

[137] Hassenzahl M. User Experience and Experience Design. The Encyclopedia of Human-Computer Interaction,2nd Ed[C]. International Design Foundation, 2011.

[138] McCarthy J, Wright P. Technology as experience[J]. Interactions. 2004, 11(5): 42-43.

[139] Korhonen H, Arrasvuori J, Väänänen-Vainio-Mattila K.Analysing user experience of personal mobile products through contextual factors. in Proceedings of the 9th International Conference on Mobile and Ubiquitous Multimedia[C]. New York: ACM, 2010: 1-10.

[140] McClellandI. User Experience Design a New Form of Design Practice Takes Shape, CHI'05 Extended Abstracts on Human Factors in Computing Systems[C]. New York: ACM, 2005: 1096-1097.

[141] 科恩. 用户故事与敏捷方法[M]. 李国彪，滕振宇审校. 北京：清华大学出版社，2010.

[142] 林荣峰，蔡洪."用户故事"在姿轨控软件需求分析中的应用[J]. 空间控制技术与应用，2011，5（37）：52-54+58.

[143] Beck K. Extreme Programming Explained: Embrace Change[M]. Boston, USA: Addison-Wesley professional, 2000.

[144] Ghani I，Bello. M. Agile Adoption in IT Organizations[J]. KSII Transactions on Internet and Information Systems. 2015, 9(8): 3231-3248.

[145] 杨德仁，王晓峰等，用户故事的扩展及其建模实践[J]. 软件导刊，2021，12（20）：83-87.

[146] Muller, Michael J,Sarah Kuhn. Participatory design[J]. Communications of the ACM 36.6 (1993): 24-28.

[147] SchulerD, Namioka A. Participatory design: Principles and practices[M]. New York: CRC Press, 2009.

[148] Alan Cooper. About Face: The Essentials of Interaction Design[M]. 4th Edition. Indiana, USA: John Wiley & Sons, Inc., 2014.

[149] Buchanan R. Design Research and the New Learning [J]. Design Issues. 2001, 17(4): 3-23.

[150] Dan Saffer. 交互设计指南[M]. 陈军亮等，译. 北京：机械工业出版社，2010.

[151] BenyonD, Turner P, Turner S. Designing Interactive Systems: People, Activities, Contexts, Technologies[M]. Boston, USA: Addison Wesley, 2005.

[152] PreeceJ, Sharp H, Rogers Y. Interaction Design[M]. Milano Italy: John Wiley & Sons, Inc., 2004.

[153] 辛向阳. 交互设计从物理逻辑到行为逻辑[J]. 装饰，2015，1：58-62.

[154] 海伦·夏普，詹妮·普瑞斯. 交互设计：超越人机交互[M]. 5版. 刘伟，等，译. 北京：电子工业出版社，2020.

[155] 李世国，华梅立，贾锐. 产品设计的新模式——交互设计[J]. 包装工程，2007，4（28）：90-92+95

[156] 邹志娟，李世国. 交互设计的故事演绎即产品个性追求[J]. 包装工程，2009，9（30）：155-157

[157] 王欣慰，李世国. 产品设计过程中的故事板法与应用[J]. 包装工程，2010，12（31）：69-71+83.

[158] 罗仕鉴，朱上上. 服务设计[M]. 北京：机械工业出版社，2011.

[159] 菲利普·科特勒，加里·阿姆斯特朗. 市场营销：原理与实践[M]. 17版. 北京：中国人民大学出版社，2020.

[160] 胡飞，李顽强. 定义"服务设计"[J]. 包装工程，2019，10（40）：37-51.

[161] 胡飞. 服务设计：方式与实践[M]. 南京：东南大学出版社，2020.

[162] HollinsG,Hollins. B. Total Design: Managing the Design Process in the Service Sector[M]. London: Pitman, 1991.

[163] Board of International Research in Design.Service Design. https://www.degruyter.com/search?query=service+design

[164] Service Design Network. About Service Design and the SDN [EB/OL]. [2020-12-22] [2021-2-24]. https://www. service-design-network.org/about-service- design

[165] 罗仕鉴，胡一. 服务设计驱动下的模式创新[J]. 包装工程，2015，26（12）：1-4.

[166] 代福平，辛向阳. 基于现象学方法的服务设计定义研究[J]. 装饰，2016. 10.

[167] Kronqvist J, Leinonen T, Redefining Touch-points: An Integrated Approach

for Implementing Om-nichannel Service Concepts[C]. Switzerland: Springer International Publishing, 2018: 279-288.

[168]　缪珂. 服务设计中的流程和方法探讨[J]. 装饰，2017，3：93-95.

[169]　罗什鉴，邹文茜. 服务设计研究现状与进展[J]. 包装工程，2018，24（39）：43-53.

[170]　服务设计工具网站 service design tools.org

[171]　大卫·奥格威. 奥格威谈广告[M]. 高志宏，译. 北京：中信出版社，2021.

[172]　周承君，何章强，袁诗群. 文创产品设计[M]. 北京：化学工业出版社，2019.

[173]　尤瓦尔·赫拉利. 人类简史：从动物到上帝[M]. 林俊宏，译. 北京：中信出版社，2017.